茶叶绿色高效种植与加工新技术

李斌 刘云 邹志华 主编

中国农业科学技术出版社

图书在版编目(CIP)数据

茶叶绿色高效种植与加工新技术 / 李斌,刘云,邹志华主编 .—北京:中国农业科学技术出版社,2020.5(2023.7重印)

ISBN 978-7-5116-4696-5

Ⅰ.①茶… Ⅱ.①李…②刘…③邹… Ⅲ.①茶叶-栽培技术-无污染技术②制茶工艺-无污染技术 Ⅳ.①S571.1②TS272.4

中国版本图书馆 CIP 数据核字(2020)第 061671 号

责任编辑 白姗姗
责任校对 贾海霞

出 版 者 中国农业科学技术出版社
北京市中关村南大街 12 号 邮编:100081
电 话 (010)82106638(编辑室) (010)82109702(发行部)
(010)82109709(读者服务部)
传 真 (010)82106650
网 址 http://www.castp.cn
经 销 者 各地新华书店
印 刷 者 北京中科印刷有限公司
开 本 850 mm×1 168 mm 1/32
印 张 5.5
字 数 148 千字
版 次 2020 年 5 月第 1 版 2023 年7月第 3 次印刷
定 价 39.00 元

《茶叶绿色高效种植与加工新技术》

编委会

主　编：李　斌　刘　云　邹志华

副主编：张炳球　桂　凤　谈梅芳　王　锐

陈文霞　黄　敏　班　昕　卢再杰

编　委：王高帅　胡松林

前　言

我国是茶叶大国，茶文化源远流长，博大精深。在物质生活日益丰富的今天，社会对茶叶的需求更加旺盛，提高茶叶产量已成为茶叶种植户需重要关注的问题。然而，只有采用高效的茶叶栽培技术才能实现茶叶高产的目标。

本书包括茶树品种选用与繁育、茶园开垦与茶树种植技术、茶园管理技术、茶树修剪技术、茶树病虫草害识别与防治技术、茶树气象灾害与防护、茶叶采摘与贮藏保鲜技术、茶叶加工新技术等内容。

编　者

2019 年 12 月

目 录

第一章 茶树品种选用与繁育

第一节 茶树品种选用

选用发芽早、产量高、品质好、适制性广的无性系茶树良种为主，同时必须安排好品种布局。品种合理布局有两个好处：一是有利于合理调剂采摘与加工，不至于因单一品种旺季集中而出现来不及采摘、加工的情况。二是可相对减少霜冻为害，因春季茶叶采摘初期，浙江省湖州茶区常有低温天气出现，茶树芽叶易遭受晚霜冻为害，品种合理搭配，错开了开采期，受霜冻为害只是一两个品种，不至于遭受全军覆没的损失。品种布局应按照相对集中、突出重点的原则，选好当家品种和搭配品种。通常当家品种应占70%以上，以早、中生品种为主；搭配品种占30%左右。良种茶园每个品种均应做到集中连片种植。

第二节 茶树繁育技术

一、穗条培养

确定了要繁育的品种后，就要选择该品种的壮龄茶园作母穗园，母穗园要求品种纯度100%，若不纯就要先去杂后培养，不然繁育出来的茶苗就成了杂种苗。同时，加强该园的肥、水和病虫害防治管理，使穗条无病无虫，梢长而粗壮。

二、苗圃地选择

一般苗圃地要选择在交通、水源方便的地方，酸性或微酸性土壤为好，土壤太沙或太黏均不适宜作苗圃。土地选好后，及时理通排水沟，使土壤干燥疏松，便于翻耕作厢（畦）。

三、翻耕（撬挖）土地

四川省扦插茶苗一般是夏季（夏插）、秋季（秋插）或初冬季节（冬插主要是川南茶区）。夏插的则在收了小春后翻耕土地；秋插的则在收了大春的玉米或蔬菜、西瓜进行翻耕；冬插的则在收了大春水稻或蔬菜后翻耕。土地翻耕后，让太阳暴晒几天，让太阳光中的紫外线对土壤进行一次简单的消毒，这很重要。

四、开厢（作畦）施底肥，再次进行土壤消毒

土壤经日光消毒后就可作厢，作厢前必须将田块四周理好排水沟，若田块在 1 000m^2 以上，中间要理 2~3 条主沟排水，然后按“东西向”作厢，厢宽 140cm，厢高 10~12cm，人行道（厢与厢之间的道路）宽 18~20cm，深度与厢高相同。厢面基本形成后，每亩（1 亩≈667m^2，1hm^2=15 亩。全书同）施腐熟的油枯 100kg 左右，均匀地撒在厢面上，然后在厢面上反复浅耕（深度 10cm）2~3 次，把肥料嵌入土壤中，同时捡去厢面卵石、瓦片和草根树根等杂物，然后用多菌灵或百菌清或甲基托布津对厢面做一次认真消毒。

五、铺无菌土

无菌土又名生土，是将松树林内表层有树根、草根的土壤刨开，取下面的细土壤，铺在厢面上，厚度 3~4cm，并将厢面用木板打平整，厢边更应打紧打实，以防厢边垮塌。

六、剪取短穗

将成熟的穗条取回后，均匀斜放在阴凉通风、地面湿润的屋内，然后用手剪（修枝剪）将穗条剪成一叶一穗，长度2.5~3cm，中叶种3cm左右，小叶种2.5cm左右，若叶片过大、过长，可剪去叶子的1/3或1/2均可。

七、短穗处理

为了不使短穗上的病虫卵块或病菌带入苗床，又要使短穗很快发根，可采用“多菌灵”或“绿金（印楝素）”防病治虫，或者用与白酒溶解的“生根粉”溶液（500~800倍液）浸泡短穗20~30min。如果穗条无病无虫，生长健壮，可以不加处理直接扦插。

八、扦插短穗

处理或剪取的短穗应及时插入厢面。方法是：小行距8~10cm，株距2~2.5cm（根据叶面大小确定行距和株距），斜插入厢面至叶梗为止，边插边把土壤压紧，使短穗固定，斜度70°~80°，太斜或太直均不利生根。一般苗圃地土地利用率在70%左右，可扦插面积在467m^{2}上下，每亩厢面上要插21万~24万个插穗，插得少，壮苗多；插多了，小苗、弱苗多。茶农一定要根据品种、叶型大小确定扦插数量。

九、喷水和遮阴

一般是边扦插、边喷水、边遮阴，特别是夏插，稍不注意就会晒死短穗。夏插后，第一次喷水必须喷湿、喷透、喷匀，最好用洒水壶，千万不能用水管冲水喷，冲水喷易使短穗冲松、冲翻、冲掉，短穗不黏土壤就会死亡。喷水后，应及时把遮阳网盖上，遮阳网可单厢覆盖（用厢面140cm，宽200cm的遮阳网，网高 30~40cm 的半拱形遮盖是完全能遮完厢面），也可全园覆盖。

十、苗床管理

一般插后 40~60 天生根（冬插要翌年才生根），苗床铺了客土后，一般很少长草，即使有草都在翌年春、夏季，扦插当年管理简单，主要是水分管理。若干旱，厢面发白，才需再次喷水，喷水次数多了，降低苗床温度，影响发根；若厢面或厢沟有杂草时，尽快扯了；若翌年 5—8 月苗床出现病虫害，结合叶面施肥，对症下药，抓紧防病治虫。苗期施肥要薄，要氮肥、磷肥、钾肥混合薄施，在供水时，配成 0.5%~1.0%的浓度喷施厢面或用肥料水浇灌厢面即可。

第二章　茶园开垦与茶树种植技术

茶树是多年生木本经济作物，一次种植数十年收益，建设的基础工作对以后产出会带来很大的影响。建设过程中高标准、严要求、建园质量好，则能获得优质高产的生产原料，同时，能很好地协调茶园的生态环境，求得茶叶生产的持续发展。

第一节　新茶园建设标准与要求

茶园建设应坚持高标准、高质量。其基本建设标准与要求是：实现茶区园林化、茶树良种化、茶园水利化、生产机械化、栽培科学化。

一、茶区园林化

要因地制宜、全面规划，逐步实现茶区区域化、专业化。在国家农业区划总体范围内，以治水改土为中心，实行山、水、田、林、路综合治理，充分利用自然条件，建立高标准茶园。要求茶园相对集中，在原有茶园面积基础上，以改造为主，添建新茶园，使园地成块，茶行成条，适于专业经营。并在适当地段营造防护林，沟、渠、路旁、园地四周要大力提倡多种树，美化茶区环境，建立现代化生态茶园。

二、茶树良种化

要充分发挥良种的作用，尽量采用良种，逐步更新那些单产低、品质差的不良品种，提高良种化水平。要根据当地实际生产茶类、生态条件等确定主栽品种及合理搭配品种，利用各品种的特点，取长补短，从鲜叶原料上，充分发挥茶树良种在品质方面的综合效应。

三、茶园水利化

要广辟水源，积极兴建水利工程，因地制宜发展灌溉，不断提高控制水旱灾害的能力，茶园建立应有利于水土保持，建园坡地应以25°为限，25°以上坡地以造林为主，建园时不要过量破坏植被，以防止水土流失。基地内原有沟道、蓄水池等设施，力求做到雨水多时能蓄能排，干旱需水时能引水灌溉；小雨、中雨水不出园，大雨、暴雨不冲毁农田。

四、生产机械化

茶叶基地规划设计、园地管理、茶厂布设、产品加工和运输等，都要适应机械化与逐步实行机械化的要求。

五、栽培科学化

就是运用良种，合理密植，改良土壤，要在重施有机肥的基础上适施化肥，做到适时巧用水肥，满足茶树对养分的需要，掌握病虫发生规律，采取综合措施，控制病虫与杂草的危害；正确运用剪采技术，培养丰产树冠，使茶树沿着合理生育进程发展，最终达到高产、优质、低成本、高效益的目的。

第二节　茶园规划

根据建园的目标、茶树自身的生育规律及所需的环境条件，做好园地选择和茶园规划工作，是茶园建设的重要基础。

一、园地选择

茶树是多年生常绿植物，一次栽种多年收益，有效经济年

限可持续40~50年，管理好的茶园可维持更长年限。茶树的生长发育与外界条件密切相关，不断改善和满足它对外界条件的需要，能有效地促进茶树的生长发育，达到早成园和高产、优质的栽培目的，为此，建园时必须重视园地的选择。

（一）我国植茶的生态条件适宜区域

研究表明，根据茶树对气候生态条件的要求，我国秦岭、淮河以南大约260万 km^2 的地区是适合茶树经济栽培的。其中又可分为最适宜区和适宜区。

（1）最适宜区。秦岭以南、元江、澜沧江中下游的丘陵或山地。行政区域包括滇西南、滇南、桂中南、广东、海南、闽南和台湾，适宜于乔木型大叶类茶树品种的种植。

（2）适宜区。长江以南、四川盆地周围以及雅鲁藏布江下游和察隅河流域的丘陵和山地。行政区域包括苏南、皖南、浙江、江西、湖南、闽东、闽西、闽北、鄂南、贵州、川中、川南、川东、藏东南等，适宜于小乔木、灌木型中小叶类茶树品种的种植。

在适宜区域内，由于地形、地貌、植被、水文条件的差异，气候和土壤均不相同；即使在相同的气候和土壤条件下，由于生产者的素质和社会经济条件的差异，也会影响茶园建设的成功与否。因此，对园地的选择，特别是生产绿色产品和有机产品，要严格进行环境的调查和检测。

（二）园地的选择条件

园地应该选在上述茶树生长的最适宜区或适宜区范围。但同一地区，地形上存在差异，不同的地形、地势条件对微域气候及土壤状况都有一定的影响。一般山高风大的西北向坡地或深谷低地，冷空气聚积的地方发展茶园，易遭受冻害，而南坡高山茶园则往往易受旱害。

茶园选择以环境条件作为重要依据，同时，应充分考虑茶园对园地的坡度有一定要求。一般地势不高，坡度25°以下的山坡或丘陵地都可种茶，尤其以10°~20°坡地因起伏较小最为理想，土壤的pH值为4.0~5.5。

除上述气候条件、土壤条件及地形地势条件作为选择园地时的主要依据外，为使达到能生产绿色产品或有机产品的环境要求，茶园周围至少在5km范围内没有排放有害物质的工厂、矿山等；空气、土壤、水源无污染，与一般生产茶园、大田作物、居民生活区的距离在1km以上，且有隔离带。此外，亦应考虑水源、交通、劳动力、制茶用燃料、可开辟的有机肥源以及畜禽的饲养等。

二、园地规划

目前的茶场大多数以专业化茶场为主，为了保持良好的生态环境和适应生产发展的要求，茶场除了茶园以外，还应该具有绿化区、茶叶加工区和生活区；在有机茶园建设中，为了保证良好的有机肥来源，可以规划一定面积的养殖区。不同功能区块的布置都应在园地规划时加以考虑。

（一）功能区块用地规划

$10hm^2$以上规模的茶场，在茶场整体规划时，可参考以下用地比例方案。

（1）茶园用地70%~80%。

（2）场（厂）生活用房及畜牧点用地3%~6%。

（3）蔬菜、饲料、果树等经济作物用基地5%~10%。

（4）道路、水利设施（不包括园内小水沟和步道）用地4%~5%。

（5）绿化及其他用地6%~10%。

（二）建筑物的布局

规模较大的茶场，场部是全场行政和生产管理的指挥部，茶厂和仓库运输量大，与场内外交往频繁，生活区关系职工和家属的生产、生活的方便。故确定地点时，应考虑便于组织生

产和行政管理。要有良好的水源和建筑条件，并有发展余地，同时还要能避免互相干扰。

（三）园地规划

首先按照地形条件大致划分基地地块，坡度在25°以上的作为林地，或用于建设蓄水池、有机肥无害化处理池等用途；一些土层贫瘠的荒地和碱性强的地块，如原为屋基、坟地、渍水的沟谷地及常有地表径流通过的湿地，不适宜种茶，可划为绿肥基地；一些低洼的凹地划为水池。在宜茶地块里不一定把所有的宜茶地都开垦为茶园，应按地形条件和原植被状况，有选择地保留一部分面积不等的、植被种类不同的林地，以维持生物多样性的良好生态环境。安排种茶的地块，要按照地形划分成大小不等的作业区，一般以0.3～1.3hm^2为宜，在规划时要把茶厂的位置定好，茶厂要安排在几个作业区的中心，且交通方便的地方。

在规划好植茶地块后，就进行道路系统、排灌系统以及防护林和行道树的设置。

（四）道路系统的设置

为了便于农用物资及鲜叶的运输和管理，方便机械作业，要在茶园设立主干道和次干道，并相互连接成网。主干道直接与茶厂或公路相连，可供汽车或拖拉机通行，路面宽8～10m；面积小的茶场可不设主干道。次干道是联系区内各地块的交通要道，宽4～5m，能行驶拖拉机和汽车等。步道或园道有效路面宽1.5～2.0m，主要为方便机械操作而留，同时也兼有地块区分的作用，一般茶行长度不超过50m，茶园小区面积不超过0.67hm^2。

（1）主干道。60hm^2以上的茶场要设主干道，作为全场的交通要道。贯穿场内各作业单位，并与附近的国家公路、铁路或货运码头相衔接。主干道路面宽8～10m，能供两部汽车来往行驶，纵坡小于6°（即坡比不超过10%），转弯处曲率半径不小

于15m。小丘陵地的干道应设在山脊。纵坡16°以上的坡地茶园，干道应呈“S”形。梯级茶园的道路，可采取隔若干梯级和若干行茶树为道路。

（2）次干道（支道）。次干道是机具下地作业和园内小型机具行驶的通道，每隔300m设一条，路面宽4~5m，纵坡小于8°（即坡比不超过14%）。转弯处曲率半径不小于10m。有主干道的，应尽量与之垂直相接，并与茶行平行。

（3）步道。步道又称园道，为进园作业与运送肥料、鲜叶等物之用，与主干道、次干道相接，与茶行或梯田长度紧密配合，通常支道每隔50~80m设一条，路面宽1.5~2.0m，纵坡小于15°（即坡比不超过27%），能通行手扶拖拉机及板车即可。设在茶园四周的步道称包边路，它还可与园外隔离，起防止水土流失与园外树根等侵害的作用。

（五）水利网的设置

茶园的水利网具有保水、供水和排水3个方面的功能。结合规划道路网，把沟、渠、塘、池、库及机埠等水利设施统一安排，要“沟渠相通，渠塘相连，长藤结瓜，成龙配套”，雨多时水有去向，雨少时能及时供水。各项设施完成后，达到小雨、中雨水不出园，大雨、暴雨泥不出沟，需水时又能引堤灌溉。各项设施需有利于茶园机械管理，需适合某些工序自动化的要求。茶园水利网包括以下项目。

（1）渠道。主要作用是引水进园、蓄水防冲及排除渍水等。分干渠与支渠。为扩大茶园受益面积，坡地茶园应尽可能地把干渠抬高或设在山脊。按地形地势可设明渠、暗渠或拱渠，两山之间用渡槽或倒虹吸管连通。渠道应沿茶园干道或支道设置，若按等高线开设的渠道，应有0.2%~0.5%比例的落差。

（2）沉沙凼。园内沟道交接处须设置沉沙凼，主要作用是沉集泥沙，防止泥沙堵塞沟渠。同时注意及时清理沉沙凼的泥沙，确保流水畅通。

(3) 水库、塘、池。根据茶园面积大小，要有一定的水量贮藏。在茶园范围内开设塘、池（包括粪池）贮水待用，原有水塘应尽量保留，每 2~3hm^2 茶园，应设一个沤粪池或积肥坑，作为常年积肥用。

贮水、输水及提水设备要紧密衔接。水利网设置，不能妨碍茶园耕作管理机具行驶。要考虑现代化灌溉工程设施的要求，具体实施时，可请水利方面的专业技术人员设计。

(六) 防护林与遮阴树

(1) 林带布置。以抗御自然灾害为主的防护带，则须设主、副林带；在挡风面与风向垂直，或成一定角度（不大于 45°）处设主林带，为节省用地，可安排在山脊、山凹；在茶园内沟渠、道路两旁植树作为副林带，二者构成一个护园网。如无灾害性风、寒影响的地方，则在园内主、支沟道两旁，按照一定距离栽树，在园外迎风口上造林，以造成一个园林化的环流。就广大低丘红壤地区的茶园来看，山丘起伏、纵横数里、树木少见、茶苗稀疏，这种环境，是不符合茶树所要求的生态条件，园林化更有必要。

以防御自然灾害为主的林带树种，可根据各地的自然条件进行选择。目前茶区常用的有杉树、马尾松、黑松、白杨、乌柏、麻栎、皂角、刺槐、梓树、桤树、油桐、油茶、樟树、楝树、合欢、黄檀、桑、梨、柿、杏、杨梅、柏、女贞、杜英、樱花、桂花、竹类等。华南尚可栽柠檬桉、香叶桉、大叶桉、小叶桉、木麻黄、木兰、榕树、粉单竹等。作为绿肥用的树种有紫穗槐、山毛豆、胡枝子、牡荆等。

(2) 行道树布置。茶场范围内的道路、沟渠两旁及住宅四周，用乔木、灌木树种相间栽植，既美化了环境，又保护了茶树，更提供了肥源。我国历来就有这方面的习惯，如宋代《大观茶论》记载："植茶之地崖必阳，圃必阴……今圃家皆植木，以资茶之阴"。一般用速生树种，按一定距离栽于主干

道、次干道两旁，两乔木树之间，栽几丛能做绿肥的灌木树种。如道路与茶园之间有沟渠相隔的，可以栽苦楝等根系发达的树种。湖南省茶叶研究所选育的绿肥 1 号，产青量大，含氮量高，可栽植于主干道、次干道两旁，也可栽植沟渠两旁，起双重作用。

（3）遮阴树布置。茶园里栽遮阴树在我国华南部分地区较普遍，如广东高要、鹤山等地的茶园，栽遮阴树有几百年的历史。在热带和邻近热带的产茶国家，如印度、斯里兰卡、印度尼西亚等国也有种植。

在遮阴的条件下，对茶树生长发育有一定程度的影响，进而影响茶叶的产量与品质。据印度托克莱茶叶试验站的资料，认为遮阴有以下好处。

①遮阴树能提高茶树的经济产量系数。遮阴区的茶树经济产量系数值为 32.8，竹帘遮阴区为 31.9，未遮阴区为 28.7。由此说明，遮阴树能使相当大的一部分同化物转移到新梢形成上。

②遮阴对成茶品质有良好影响。据审评结果，在 50%光照度条件下，茶汤的强度和汤色有明显的改善。

③在一年的最旱季节能保持土壤水分。如种有一定密度的成龄楹树、龙须树的茶园，有助于茶园土壤水分的保持。种有刺桐树遮阴的茶园，全年最干的 10 月至翌年 3 月，0~23cm 和 23~46cm 内土层中土壤含水量高于未遮阴的茶园。

④遮阴树的落叶，增加了茶园中有机物。按 $12m^2$ 种一株遮阴树的密度，每公顷的落叶能给土壤增加约 5 t 有机质，相当于每公顷增加 77kg 氮素。中等密度（50%~60%光密强度）的楹树的枯枝落叶干物质每公顷为 1 250~2 500kg，其营养元素每公顷为氮 31.5~63.0kg、磷 9~18kg、钾 11~22kg、氧化钙 16~32kg、氧化镁 8~16kg。

⑤遮阴树对茶树叶面干物质重的增加速度有良好的影响；

对各季与昼夜土壤温度的变化有缓冲效应效果，有利于根系与地上部生长。

⑥遮阴树改变小气候，有利于茶树生长。如遮阴树能明显地吸收有害红外辐射光，降低叶温，使茶树在气温高、风速低的气候条件下能进行有效的光合作用。

⑦遮阴树对病虫害的影响有正反两个方面。遮阴条件下，茶饼病和黑腐病发生加重，而蛾类、茶红蜘蛛、茶橙瘿螨等则为害减轻。

根据国内外茶园遮阴树作用的研究，一般认为在夏季叶温达30℃以上的地区，栽遮阴树是必要的，气温较低的地区，没有必要栽遮阴树。其实，以往主要从是否有利于产量的提高和病虫害的防治，所以有些国家（如南印度、斯里兰卡和印度尼西亚）已经把遮阴树砍去。而南印度在海拔2 000m以上的茶区将遮阴树砍去，后来发现导致茶叶品质有所下降，又重新栽上。解决遮阴与产量、品质和抗病虫能力之间的矛盾，关键是遮阴度的掌握。据印度托克莱茶叶试验站资料，遮阴透光度为自然光照度的20%~50%时，茶树叶面积能保持稳定；大于50%，叶面积显著下降；在35%~50%时效果最好。

有关遮阴树种类，不同国家有差异。印度、斯里兰卡等国一般采用楹树、香须树、黄豆树、紫花黄檀、银桦、刺桐树等。

由于我国茶区的地理位置与印度、斯里兰卡有所不同，日照强度也有差异，茶园遮阴的试验结果也不同。云南省的实践证明，在西双版纳，遮光率以40%为宜；广东英德则以30%为好；江南茶区则以7—9月适当遮阴，效果较为理想。

我国各地试验表明，适合的遮阴树种也因地区有差异：西南、华南茶区，早期是用托叶楹、台湾相思、合欢等作为茶园遮阴树，现在多用巴西橡胶、云南樟、桤木（又称水冬瓜树）。江南茶区可用合欢、马尾松、湿地松、泡桐、乌桕等。为了提高茶园生态效益，有些地方在茶园中间种果树作为遮阴树，如西南和华南地区种植荔枝、李等；在江南茶区可种植梨、枇杷、柿、杨梅、板栗等。我国除南方的部分茶区种植遮阴树外，一般茶区茶园内都不布置遮阴树，在茶园四周和行道上种树，有利于改变茶园小气候环境。

综合各地试验资料，人工复合系统的结构既要有利于茶树的生育，又要兼顾间作物的生育，在排列方式上宜采用宽行密株式。一般林、果树行距可放宽到10~12m，株距为4~5m；茶树的行距为1.5~1.8m（视品种和密植程度而定)，则在林、果行间植茶6行。如冯耀宗等（1986）试验后认为胶茶间作4m，每公顷植胶399株；唐荣南（1988）提出，树木的行距为7.5~10.5m，株距为6~9m，呈三角形排列，每公顷植150~180株，树木郁闭度以0.30~0.35较为合宜；解子桂（1995）报道，铜陵市国有林场，泡桐的种植株行距为5m×10m，或6m×12m均宜；李冬水（1981）总结了福建浦城仙阳茶场的经验，每公顷茶园种植150株左右合欢有利于茶树生长，认为种遮阴树的距离为（9~10.5）m×（8~10）m，每公顷植150株为宜，果树可用梨、苹果、枇杷、李、柿、杨梅等；刘桂华（1996）等试验，每公顷植板栗390株套种茶园获得良好效果；蒋荣（1995）根据云南农垦的经验，介绍杧果树与茶树的间作模式，杧果树行距为12~14m，株距5m。

第三节　园地开垦

茶树系多年生木本作物，只有根深才能叶茂，才能获得优质高产。我国茶区降水多，且暴雨发生次数多，园地垦辟不当，水土冲刷较为严重。在浙江气候条件下，坡度为5°的幼龄茶园，每年土壤冲刷量为45~60t/hm²，坡度为20°的幼龄茶园，年土壤冲刷量达150~225t/hm²；湖南省茶叶研究所测定，长沙地区坡度为7°的常规成年茶园，3月下旬至9月上旬的水土流失量达385.5t/hm^2，其中流走的土壤为16.95t/hm^2。段建真调查了安徽歙县老竹铺茶场坡度28°的茶园，在每分钟降雨0.32mm的情况下，流走的土壤达7.2m/hm^2；据郭专调查，福建省茶园中约有66.1%的茶园受到了不同程度的冲刷。因此，在园地开垦时，必须以水土保持为中心，采取正确的基础设施和农业技术措施。前者如排灌系统的修建，道路与防护林的设置，梯田的建立；后者如土地的开垦、整理，种植方式及种植后的土壤管理等。

一、地面清理

在开垦之前，首先需进行地面清理，对园地内的柴草、树木、乱石、坟堆等进行适当处理。柴草应先刈割并挖除柴根和繁茂的多年生草根；坟堆要迁移，并拆除砌坟堆的砖、石及清除已混有石灰的坟地土壤，以保证植茶后茶树能正常生长。平地及缓坡地如不平整，局部有高墩或低坑，应适当改造，但要注意不能将高墩上的表土全搬走，需采用打垄开垦法，并注意不要打乱土层。

二、陡坡梯级垦辟

在茶园开垦过程中，如遇坡度为15°~25°的坡地，地形起伏较大，无法等高种植，可根据地形情况，建立宽幅梯田或窄幅梯田。陡坡地建梯级茶园的主要目的如下。

（1）改造天然地貌，消除或减缓地面坡度。

（2）保水、保土、保肥。

（3）可引水灌溉。

梯级茶园的修筑

梯级茶园建设过程中除了对梯级的宽、窄、坡度等有要求处，还应考虑减少工程量，减少表土的损失，重视水土保持。

（1）测定筑坎（梯壁）基线。在山坡的上方选择有代表性地方作为基点，用步弓或简易三角规测定器测量确定等高基线，然后请有经验的技术人员目测修正，使梯壁筑成后梯面基本等高，宽窄相仿。然后在第一条基线坡度最陡处用与设计梯面等宽的水平竹竿悬挂重锤定出第二条基线的基点，再按前述方法测出第二条的基线……直至主坡最下方。

（2）修筑梯田。包括修筑梯坎和整理梯面。修筑梯坎的次序应该由下向上逐层施工，这样便于达到“心土筑埂，表土回沟”，且施工时容易掌握梯面宽度，但较费工。由上向下修筑，则为表土混合法，使梯田肥力降低，不利于今后茶树生长。同时，也常因经验不足，或在测量不够准确的情况下，又常使梯面宽度达不到标准，但这种方法比较省工，底土翻在表层，又容易风化。两种方法比较，仍以由下向上逐层施工为好。

修筑梯坎的材料有石头、泥土、草砖等几种。采用哪种材料，应该因地制宜、就地取材。修筑方法基本相同，首先以梯壁基线为中心，清去表土，挖至新土，挖成宽 50cm 左右的斜坡坎基，如用泥土筑梯，先从基脚旁挖坑取土，至梯壁筑到一定高度后，再从本梯内侧取土，直至筑成，边筑边踩边夯，筑成后，要在泥土湿润适度时及时夯实梯壁。

如果用筑草砖构筑梯壁，可在本梯内挖取草砖。草砖规格是长 40cm，宽 26~33cm。厚 6~10cm。修筑时，将草砖分层顺次倒置于坎基上，上层砖应紧压在下层砖接头上，接头扣紧，如有缺角裂缝，必须填土打紧，做到边砌砖、边修整、边挖土、边填土，依次逐层叠成梯壁。

梯壁修好后，进行梯面平整，先找到开挖点，即不挖不填的地点，以此为依据，取高填低，填土的部分应略高于取土部分，其中特别要注意挖松靠近内侧的底土，挖深 60cm 以上，施入有机肥以利于靠近基脚部分的茶树生长。梯面内侧必须开挖竹节沟，以利蓄水、保土。

在坡度较小的坡面，按照测定的梯层线，用拖拉机顺向翻耕或挖掘机挖掘，土块一律向外坎翻耕，再以人工略加整理，就成梯级茶园，可节省大量的修梯劳动力。种植茶树时，仍按通用方法挖种植沟。

（3）梯壁养护。梯壁随时受到水蚀等自然因子的影响，故梯级茶园的养护是一件经常性的工作。梯园养护要做到以下几点。

①雨季要经常注意检修水利系统，防止冲刷；每年要有季节性的维护。

②种植护梯植物，如在梯壁上种植紫穗槐、黄花菜、多年生牧草、爬地兰等固土植物。保护梯壁上生长的野生植物，如遇到生长过于繁茂的而影响茶树生长或妨碍茶园管理时，一年可割除 1~2 次，切忌连泥铲削。

③新建的梯级茶园，由于填土挖土关系，若出现下陷、渍水等情况，应及时修理平整。时间经久，如遇梯面内高外低，结合修理水沟时，将向内泥土加高梯面外沿。

第四节　园地复垦

一、初垦

生荒地在茶树种植前第一次深耕称为初垦，一般在夏秋季进行，初垦前全面清理场地，尽可能使用机械化作业。

（一）平地开垦

初垦全面深耕深度要求达到 60cm 以上。

（二）小于 15°缓坡地开垦

沿用等高线横向开垦，对坡面不规则的地块应按大弯随势、小弯取直的原则，对局部凹凸地形要控高填低并面填表土，翻耕深度 60cm 以上。

（三）15°~20°的坡地开垦

沿等高线横向施工，根据园地的土层深度、砌坎材料和土地坡度，确定合理的梯宽和梯高。新垦土层深度 60cm 以上。茶园梯层的要求：梯层等高，环山水平，大弯随势，小弯取直，心土筑埂，表土向沟，外高内低（新建梯层呈 1°~2°反向坡），外埂内沟，梯梯接路，沟沟相通。梯田的规则：梯面宽 1.5m 以上，梯高小于 1.5m，梯壁斜度 60°~80°。

（四）熟地开垦

先挖除原作物，清除全部根系。深翻土地 60cm 以上，暴晒 30 个太阳日，并进行消毒。

二、复垦

初垦一个月后进行复垦，复垦深度 30cm 左右，并进一步清除土中杂物，适当破碎土块、平整地面。梯式茶园的复垦在筑梯后进行，主要是深垦梯级内侧紧土，确保松土层厚度不少于 60cm。

第五节　茶树种植

茶树种植质量的好坏，关系到成园的快慢及今后能否优质、高产。在茶树种植时，必须掌握好以下几个环节。

一、合理密植

通常单条植的种植规格为行距 1.5m，丛距 30cm 左右，每丛茶苗 2 株，每亩苗数 3 000 株左右。双条植的种植规格为大行距 1.5m，小行距 30cm，丛距 30cm，每亩茶苗 5 000 株左右。为促进提早成园，可以采用单条密植方法种植，即行距为 1m，丛

距 25cm。这种栽培方法，在较好的肥培管理条件下，3 足龄可正式投产，也能获得高产优质。

二、整地与施基肥

园地经开垦整理形成茶行后，按茶行开种植沟，深 50cm，宽 60cm。如果是荒地，则要把操作行的面土回填沟内，以提高沟内的土壤肥力。若在熟地上栽植，则要进行底土与表土的交换，即将表土埋入底层，底土留在表面，以防根结线虫病与杂草为害。在种植沟内施足底肥，每亩施饼肥 150~200kg，磷肥 50~100kg，与土拌匀，覆上 15~20cm 的土层，间隔一段时间后再种植。

三、茶苗移栽

茶苗移栽的最适时期是在秋末冬初的 10 月中下旬至 11 月上旬与早春的 2 月下旬至 3 月上中旬。这段时期，选择空气湿润、土壤含水率较高的阴天或雨后初晴的天气移栽，效果最好。要避免在刮西北大风的晴燥天气和下雨天移栽。

在移栽时，要注意选用植株大小适中、根系良好、生长健壮的茶苗。一般中小叶种要求苗高达 30cm 上下，基茎粗 0.5cm 左右。为了提高移栽茶苗成活率应做好以下几项工作：一是做到茶苗带土移栽，使茶苗根系多带土。在起苗前 1~2 天浇灌一次透水，使苗床土壤湿润，以减少起苗时根系损伤。出圃茶苗要及时栽种，最好做到随起随栽，避免风吹日晒。出圃茶苗如果不能马上定植，则应进行假植。若茶苗需长途运输，则应采取保护措施，如可采取黄泥浆水蘸根，再用湿草包扎根部保湿，运输途中还要注意覆盖，防止茶苗过度失水。二是掌握好茶苗移栽技术要领。在茶苗定植时，根据规划确定种植规格，按规定的行株距开好种植沟和种植穴。最好是做到现开现栽，保持沟（穴）内土壤湿润。因扦插苗无主根，根系分布浅，定植时要适当深栽，一般栽到超过原泥门3~5cm。在栽植时，要一手扶茶苗，一手将土填入沟（穴）中，将土覆至不露须根时，再用手将茶苗向上轻轻一提，使茶苗根系自然舒展，与土壤密接。然后，再适当加点细土压紧揿实，随即浇足定根水，再在茶苗基部覆盖些松土，使植后雨水便于渗入根部。三是移栽定植后要及时铺草覆盖，防旱保苗。覆盖的材料，可用干茅草、稻草、麦秆等。每亩覆盖的干草用量为1 000~1 500kg。干草应铺在茶苗基部植行间的地面上，作用是保护茶苗，防止土壤冲刷和板结，调节土壤温湿度，促进茶苗根系生长，这是一项提高茶苗移栽成活率的重要栽培技术措施。除了喷灌和灌溉外，铺草比其他许多抗旱措施更为有效。

四、苗期管理

苗期管理是指对一二年生茶园的管理，其中心工作是保证全苗、壮苗，主要内容是浇水抗旱、遮阴防晒、清除杂草、补苗等。

（一）浇水抗旱

茶树苗期既怕干，又怕晒，特别是移栽茶苗根系损伤大，移栽后必须及时浇水，以后每隔3~5天浇一次水，直至成活为止。在浙江省湖州茶区，每年7—8月是“伏旱”季节，最易使茶苗受害，若这时遇久晴干旱天气，则应做好浅耕保水和灌溉抗旱，比较有效的方法是在行间铺草，栽种以后立即铺草效果最好，但在夏季来临前必须加铺一次，一般每亩铺干草1 000kg或鲜草2 500kg。铺草前必须进行除草施肥，草铺在茶行两边，特别是小行间一定要铺上。有条件的可施一些发酵过的稀薄人畜粪尿，以提高苗期的抗旱能力。

（二）遮阴防晒

茶树是喜湿耐阴作物，在幼苗期由于茶园防护林、行道树和遮阴树未长成，生态条件差，相对湿度小，夏天阳光强烈，会使茶树叶子灼伤，严重的会使整枝茶苗晒死。在移栽的头一两年夏季必须做好遮阴，遮阴材料就地取材，可用松毛枝、麦秆，一般搭建在茶苗西南方向，高温干旱季节过后，及时清除遮阴物。

（三）清除杂草

茶树苗期土地裸露面积大，种植行间常有杂草生长，与茶苗争夺肥水，影响幼龄茶苗生长。应做到见草就除。若一时错过季节，部分杂草较大，则也要尽量在不伤苗的情况下拔除杂草。栽种当年，种植行内严禁松土，以免伤根，可适时喷施对茶苗安全的除草剂。

（四）补苗

新建良种茶园，一般均有不同程度的缺株，必须抓紧时间在建园后 1~2 年内将缺苗补齐。最好采用同龄的茶苗补。补苗要注意质量，沟开 30cm 深，要施底肥，选择生长一致的茶苗，每穴补植 2 株。补植后要浇透水，在干旱季节还要注意保苗。同龄苗来源：一是在建设新茶园时，事先有计划地在附近的土地上种植一部分同品种、同年龄的预备茶苗供今后缺株补植时用。二是同龄苗归并带土移植补缺法。当遇到缺株、断行较多而预备茶苗不足时，将同品种和树龄的茶苗依次移掉几行，通过带土移栽的方法归并到缺丛断行的茶园中去，然后在移掉的空地上栽上新茶苗。

第六节　低产茶园的改造

一、低产茶园的结构调整及土壤改造

（一）茶园的结构调整

茶园在建园时没有进行合理的规划，往往会出现许多弊端。

如有的在建园时为了追求茶园规模集中，把一些坡度超过25°的陡坡地也开辟成茶园，造成水土严重流失，这种地上即使种上茶树也不能长好，这类茶园在改造时应退茶还林。因此，在进行茶园结构调整时，应就对沟、渠、路、树等的要求，全面地进行考虑，有可能的条件下使之合理。

茶园沟、渠的调整，要做到大雨时，园内雨水能排出，小雨能蓄。有些地块原来是集水沟，开辟茶园时被填平，这样的地方表层土是疏松的，但下面有不透水层，下雨后雨水在此处汇集，成了一个看不见的水塘，地下水位较高，当茶树长大后，根系长时间地处在浸水的状态下，不能很好生长，这样的地方，或修筑暗渠，或打破不透水层，使雨水能渗入排出。

有些园地的道路，地块与地块之间行走不方便；有些原来是地方百姓的习惯道，种茶后把原来的习惯道给破除了，这样的地方，常会使人们在已种茶树的园内行走，造成这一地方茶树不能长好，缺株断丛严重；有的则是茶行太长，田间管理时不利于进出，这样的园地道路调整时，应使地块间行走方便。习惯道在不对整体茶园造成不利的情况下能保留；较长的茶行，中间可分设几条操作道，以利管理时进出。

茶园内应尽可能地多种些树木，主要干道两边必须种有行道树，园地的周围也能有一定的林地。园内种植一定量的树木，可有效地改善茶园生态环境，提高茶园内的湿度，改变光质，稳定温度。此外，种有一定的树木，一些鸟类可在树上栖息，可减少一些虫害的发生。进行茶园生产时，劳动的环境改善了，劳动效率也能得到提高。

一些茶园是顺坡种植的，此时，应重新调整种植行，使茶行等高种植，否则，加速园内水土流失。总之，经结构调整，使茶园更利于管理，更利于茶树生长，更利于水土保持，最后达到持续、高效益的生产目的。

（二）土壤改造

茶园改造仅对茶树地上部进行改造是不完整的，这样做不能完全达到恢复树势的目的。有些茶园，茶树生长势差，生产效益下滑，主要原因之一是土壤状况差，不利于茶树生长，因此，在进行树冠改造的同时，要重视对茶树土壤的改造。

改良土壤的目的在于创造良好的土壤条件，使茶树根系得到充分的生长。茶园经过长期的生产活动，已多年未进行深翻改土，表土层也都比较紧实，进行深耕是十分必要的。

成年茶树的树冠枝叶封行，地下根系也布满行间，深耕会损伤根系，影响对树冠养分的供应。剪去茶树的地上部枝叶后，行间开阔，利于深翻改土工作的进行。这时，地上部已被砍去，需要的养分量减少，切断少量的根系，对养分吸收影响也较小。而且，地上枝梢出现衰老，地下远离根颈部的根系也有相同的衰弱现象发生，少量的断根，能刺激根系的重新发生，新生根系生长势旺，吸收能力强，也就能更好地供给地上部新生枝梢所需的养分，“根深叶茂”，茶树生长进入良性的循环。土壤改造可从加深有效土层和提高土壤肥力两方面着手。

1. 加深有效土层

加深茶园有效土层可通过深耕改土和加培客土这两种措施来实现。

深耕改土：砍去茶树地上部枝叶后，即可进行行间深耕，深耕深度 50cm 以上，结合施入大量有机质肥料以改良土壤。茶园底土有不透水层的，需打破此层土壤，使土壤疏松，透气、透水性得到改善，以利根系向深土层生长和土壤水的纵向移动。深翻茶行间土壤时，要打碎土块，平整表土，尽量减少对茶树根颈部周围根系的伤害。通过深耕，提高了茶园土壤的蓄水和通气性，为好气性微生物的活动提供良好的环境，有利于土壤养分的释放和茶树根系的伸展。

加培客土：加培客土与深耕改土一样，同是为了加厚茶园土壤的有效土层，但在有些情况下比深耕效果更好。如一些茶园土层较浅，深耕不仅工作量大，且土壤理化性状不容易改善，此时采用加培客土的方法，把茶园周围可以利用的余土，或结合兴修水利、清理沟道的余土、塘泥土等挑入茶园，可起到较好的效果。

茶园挑培客土，要注意以下几点，一是注意对不同质地的土壤区别对待，最好是在沙性土中培入黏性土、黏性土中培入沙性土；二是碱性土不宜作客土；三是用塘、沟泥培土增肥茶园，要注意挑入的土，是否符合无公害茶园的生产标准，不然将造成对茶园污染。塘、沟泥挑出来后，最好经过暴晒堆放处理，再挑入茶园。

2. 提高土壤肥力

低产茶园土壤多表现为有机质缺乏，氮、磷、钾等养分含量低。改造茶园应在深耕的同时，每亩施入厩肥 2 000~3 000kg，或饼肥 200kg，并配施一定量的磷、钾肥，每亩可施入过磷酸钙 20kg、硫酸钾 15kg，加入全年速效氮量的 50%，以提高改造茶园的土壤肥力。这一工作，最好在行间深耕时开沟深埋，利用根系具趋肥性的特点，诱导根系向肥力高的深层和行间伸展。一些体积大的有机肥，要抓紧在这一时期施入，待茶树重新抽生枝梢后，就很难操作。

二、低产茶园换种

茶园换种是最佳经济寿命周期所要求，即种植一定年份后，茶叶产量、品质都下降，生产效益不高，换种的效果优于改造的效果。一些品种不适合名优茶生产的茶园也需换种。茶园换种的方式有改植换种和嫁接换种两种，目前运用较广的是改植换种，嫁接换种还未被广泛应用。

(一) 改植换种

1. 茶园的改植换种

茶园改植换种有一次性完成，也有分数次完成的两种不同操作形式。一次性完成改植换种是将要换种茶园的老茶树一次全部挖除，然后按新茶园建设的标准重新规划设计，布设道路、水利和防护林系统，进行必要的地形调整，如修建梯田式茶园，全面运用深翻或加客土，施足底肥等改土增肥措施，再按适宜的规格栽种上新的良种茶苗。

由于茶树长期生长在一块土地上，会产生一些不利于幼龄茶树生长发育的障碍因素。一是低产茶园中的有害物质积累。老茶树的根系分泌物和残留老根的分解产物中有影响幼龄茶树生长的成分，在去除老树时，要连根拔除，拾尽残留老根，老茶树的根如不捡净，今后还会长出，影响新种茶苗的生长。同时采取深翻和晒土等措施，减少这些成分对幼苗的影响。二是长期在一定土层下中耕，致使茶园地表以下30~60cm的土深处形成不透水的硬盘层，不利于茶树根系的生长，必须通过深耕打破硬盘层，施入大量有机肥，改良其土壤物理性状。

挖掉老茶树后栽种新茶树，改造彻底，但经济效益来得迟，栽后3年内基本没有收入，改建投资比其他荒地建茶园投资更大，有些园地结构布置较好的茶园，新老套种是改植换种的另一种形式，采用新老套种方式分数次完成改植换种的工作，这样做可使一次性换种投资成本减少，以老养新。具体做法是：在一块要换种的茶园中，间隔地挖去几行老茶树，种上新茶苗，进行局部换种，2~3年后，再挖去其他剩余的老茶树。这种换种方法与一次性全部挖去所有老茶树的操作方法比，有助于改善茶园生态环境。如茶园的湿度增大，温差缩小，减少强光对幼树的照射时间。此外，茶园土地裸露面积减小，可控制一定的水土流失量，避免了常规改植换种 3~4 年无茶可采的现象，减少了因改造带来茶叶产量的波动，以茶养茶。

新老茶树套种，有其优点。具体实施过程中却存有许多问题，如因有部分老茶树不挖去，给种新茶树操作带来很大不便；新茶苗长出来后，老茶树的经常性采收，使茶苗遭受人为的踩踏，造成缺株断丛；与老茶树相邻新种茶苗的养分与水分供给，受老茶树的影响；在以后新茶苗长成挖去剩下的部分老茶树过程中，还会对新茶苗带来又一次损伤；整体茶园结构要进行调整时，这种换种方式就不太适宜。

现生产上比较多的是采用一次性改植换种的方式。直接将茶树全部挖去，种上新茶苗，改造方法简便、彻底。茶园大多分布在丘陵山坡地上，重新垦植，植后 3 年内不能封行，茶园裸露面积大，期间山地水土冲刷、养分流失严重，又将会引起对山地土壤新一轮冲刷。从生态保护角度出发，选择合适的改植方式，对山地茶园的水土保持影响是很大的。

2. 茶园改植换种的水土保持

低产茶园的改植换种过程中，茶园水土保持是维护茶园土壤生态平衡的一项重要工作。浙江杭州茶叶试验场对新垦茶园的水土冲刷调查资料表明，新垦茶园的水土冲刷十分严重，见下页表，在浙江的气候条件下，坡度为 5°的新种茶园，若无其他覆盖措施，3 年内年每亩土壤冲刷量约为 10t，20°坡度茶园约为 30t。水土冲刷量随种植年份增加逐年减少，随坡度降低减少。三年生的茶树根系仍不能布满行间，树幅也不足封行，坡地的水土被冲刷，带走了大量养分，这一现象在常规生产园中至少维持 3 年以上。因此，在茶园改造的同时，要充分考虑水土保持这一生态问题，减少水土的被冲刷量。

表　不同坡度幼龄茶园的水土冲刷量

单位：每亩土壤冲刷量（t）

试验地号	坡度	植后第一年	植后第二年	植后第三年	3 年合计
A	5°	4.98	3.21	1.64	9.83
B	20°	16.71	13.04	4.32	34.07

为解决幼年茶园水土冲刷问题，通常采用行之有效的办法是茶地铺草，有的则在幼年茶园的行间间作其他农作物，这些方法具有增加有机质、熟化土壤、保水保土、抑制杂草生长等优点。不同的处理方法，其效果差别甚大。可见，铺草措施对山地的水土保持效果明显，铺草后不需翻动土壤，使茶园土壤处于较为稳定的水热条件下，相比间作农作物，覆盖不完全，间作作物处于苗期时，覆盖度较小，对土壤的翻动较多，受雨水侵蚀造成水土被冲刷量比铺草大好几倍。在茶园中间作牧草，也是一种水土保持的有效措施。

（二）嫁接换种

嫁接是古老的园艺栽培技术，但在茶树上应用还比较少，茶树短穗嫁接换种技术，相对于改植换种，见效快，一次性投入成本少，投资回收期短，水土保持效果好等优点。嫁接茶树的接穗利用了砧木茶树原有庞大根系的吸收能力和根中贮藏的大量养分，因而接穗新枝生长远快于改植换种时幼树的生长，以致成园时间显著缩短，嫁接茶园比改植换种可提前 2~3 年成园，2 年内基本可收回投资成本。老茶树庞大根系保留，能在茶园地表无树冠覆盖的情况下，有效地固着土壤，使得改植换种带来的水土冲刷问题减小。嫁接换种的茶树，在形态、萌芽期上保持了接穗品种的特征，体内的物质代谢一定程度上受砧木影响，只要砧木与接穗选择得当，可以保持优良品种的特性。

现嫁接方法有许多，针对茶叶生产的特点，可选用下面这一方法来进行，具体掌握的技术环节有以下一些内容。

1. 嫁接工具

进行茶树嫁接的工具主要有台刈剪、整枝剪、电锯或手锯、嫁接刀、凿、锄等。台刈剪具有较长的手柄，用来台刈茶树较为省力。有些茎干较粗，不能用整枝剪或台刈剪来剪除的茶树，可用电锯或手锯进行锯割，整枝剪主要用来剪除 1cm 以下粗度的茎干，并使切面平整。嫁接刀应选用既能切削接穗，又能劈切和撬开砧木的刀具，刀的先端应有一定的强度，不然难以撬开砧木，接穗不易顺利插入。有些茎干特别粗，不能用刀具撬开砧木，可用凿或其他代用品来辅之完成该项工作。锄头则用作清理地表杂物，培土之用。

2. 遮阴材料准备

嫁接工作进行之前，必须把遮阴材料准备好。用作遮阴的材料有许多，采用遮阳网遮阴，需事先准备好木粧、竹竿、铁钉、绳子、遮阳网等物，以便嫁接过程中随时搭棚遮盖。另外，用山上采集的狼萁草进行遮盖，这种材料，各地山上均有生长，使用成本低，而且狼萁草干燥后也不会落叶，始终能起到遮盖的作用。

3. 接穗留养

接穗应选用良种。选择用什么品种作为接穗时应根据各地生产的茶类要求认真考虑，目前有一些适制名优绿茶的品种，如乌牛早、浙农 113、龙井 43、迎霜、劲峰等，都可考虑作为接穗。

适合作为嫁接的接穗，最好是经一个生长季的枝条，如打算 5 月下旬至 6 月进行嫁接，就应在春茶前对留穗母本园进行修剪改造，剪去上部细弱枝条，使之抽出的枝条粗壮，春茶期间留养不采，这样留养的接穗质量好，嫁接成活率高。而随便剪些漏采的芽叶作为接穗，嫁接成活低。在留养枝条下部开始

转变为红棕色，顶端形成驻芽时，进行打顶，即采摘去枝条顶端1、2叶嫩梢，以促使新生枝条增粗，腋芽膨大，1~2周后可剪下嫁接。

4. 台刈茶树

将改造茶园的茶树（砧木）在齐地面处剪断或锯断。使用台刈剪时，一人用台刈剪剪茶树，一人将老茶树朝刀口切入的方向轻压茶树，这样剪切省力，但要注意，压茶树时，不能用力过猛，而导致茎干被撕裂。剪截砧木时，要使留下的树桩表面光滑，并将茶园杂物及时清理干净。老茶树的台刈，要做到每半天能完成多少嫁接任务，就剪砧木多少。

5. 砧木劈切

剪锯后的砧木，有些剪口较粗糙，可用刀、剪将其削平。根据粗度用劈刀在砧木截面中心或1/3处纵劈。劈切时不要用力过猛，可以把劈刀放在劈口部位，轻轻地挤压或敲打刀背，使劈口深约2cm。注意不要让泥土落进劈口内。有些砧木很粗，可以从其侧面斜向切入。

6. 接穗切削

接穗削成两侧对称的楔形削面，整穗长2~3cm，带有一个芽和一张完整的叶，削面长1~1.5cm。接穗的削面要求平直光滑，粗糙不平的削面不易接合紧密，影响成活。操作时，用左手握稳接穗，右手推刀斜切入接穗。推刀用力要均匀，前后一致；推刀的方向要保持与下刀的方向一致。如果用力不均匀，前后用力不一致，会使削面不平滑；而中途方向向上或向下偏均会使削面不直。一刀削不平，可再补一两刀，使削面达到要求。

7. 插接穗

用劈接刀前端撬开切口，把接穗轻轻插入，若接穗削有一侧稍薄，一侧稍厚，则应薄面向内，厚面朝外，使插穗形成层和砧木形成层的一侧（接穗与砧木一侧的树皮和木头的接合部）对准，然后轻轻撤去劈刀，接穗被紧紧地夹住。

8. 培土保湿

接穗插入后，在接口处覆上不易板结的细表土，接穗芽、叶露在土层外，以保持接口处湿润，利于伤口愈合抽芽。

近地面台刈、嫁接茶树，培土方便，但台刈与嫁接工作较累，为减轻工作强度，有些嫁接工作在离地 5cm 左右高度上进行，这样的嫁接就难以实现培土保湿，要求之后的遮阳保湿工作到位。

9. 浇水、遮阴

嫁接茶园的经常性浇水是一项难以完成的工作，但若嫁接后不浇水，嫁接工作就不能成功。对此，改进保湿方法，可省去经常性的浇水工作，具体做法是：在嫁接茶树旁放置盛满水的塑料小杯，在嫁接茶树的茶行上搭架，用农用塑料膜覆盖，使整个茶行处于一个湿度饱和状态下。塑料膜上方盖遮阳网，起初须经常检查膜内温度变化，如膜内温度超过 30℃，要注意揭膜通气降温，之后掌握一定规律后，视天气变化进行揭膜与浇水管理工作。

10. 除草、抹芽

嫁接地杂草发生快，必须及时拔除，拔除杂草时不要松动接穗。当接穗愈合，开始抽芽时，老茶树的根茎部也会有一些不定芽抽生，这些不定芽的抽生，会与接穗争夺水分与养分，需将其删除。具体做法是，当根茎部的枝叶抽生高度达 15cm 左右时，用手紧握抽生枝叶的基部将其拔除。

11. 打顶、修剪

嫁接成活后的茶树，因有庞大的根系供给水分和养分，新梢抽生快，在嫁接 1 个月以后的时间里，平均日生长量几乎达 1cm 左右。在新梢生长超过 40cm 时可进行打顶，采去顶端的

1 芽 1~2 叶，以促进茎干增粗和下部侧枝的生长。当年生长超过 50cm 后可在 25cm 高度上进行第一次定型修剪，促使树冠向行间扩大，这一工作可在翌年的春梢萌芽前进行。嫁接后的翌年，可在每茶季的末期进行打顶采，并于当年生长结束时，在第一次剪口上提高 20~25cm 再定剪一次，经两次定型修剪，茶树高度达 50cm 左右。嫁接后的第三年，视茶树生长情况进行适当留养采摘。

12. 防风、抗冻

接穗愈合后，芽梢生长速度快，叶张大，接口易受外力作用下被撕裂，尤其在有台风发生的地区更应注意风害的侵袭。嫁接后的当年，枝梢生长超过 40cm 后，可用台刈茶树的老枝插在新抽生的枝梢旁，以对新生枝梢起支撑作用。越冬期间，根茎的接口处易受冻害，因此，可在根茎部培土，覆以草料，起防冻保暖的作用，同时，也可抑制翌年根茎部不定芽的发生。

13. 嫁接适期

不同地区，气候条件差异大，对嫁接的成活率会有一定的影响，嫁接的适期也有差异。茶树年生育周期中，长江中下游茶区的气候条件下，11 月至翌年 2 月，气温低，3 月常有倒春寒发生，4 月至 5 月中旬茶叶正处于生长季节，接穗难以采取。因此，这段时期不是十分有利的嫁接时期。5 月下旬至 9 月是该茶区的嫁接适期。7 月嫁接，接后持续高温、低湿，一方面能促使接口快速愈合，接后抽芽始期缩短；另一方面也易使接穗失水过多而枯死。若受管理条件的限制，可避开 7—8 月的高温干旱季节。接后芽梢抽生初始日，5 月、6 月嫁接约 35 天，新芽开始生长；7 月嫁接的茶树，芽梢在接后 25 天就有抽生，时间最短；9 月嫁接，因 10 月气温降低，芽梢抽生时间推迟，一些 10 月下旬还未抽生的接穗，将进入休眠状态，待来年春季再生长。不同地区进行茶树嫁接适期应根据各地气候条件来选择。

嫁接换种缩短了低产茶园换种建园的时间，它可比改植换种茶园提前 2~3 年成园，在生长季节里，接后 3 个月苗高可达 40cm 以上，改变了一直以来低产茶园改植换种周期长、投资大及低产茶园重新种茶苗生长受抑制的状况，减少了改植换种过程中挖去老茶树、重新开垦园地、育苗移植等工作，对山地茶园的水土保持作用显著，为加速茶树良种化进程起到积极的作用。但这一工作体力消耗大，嫁接投入时间长，此项技术的推广应用还需认识提高和技术改进。

第三章　茶园管理技术

第一节　科学施肥

一、茶园施肥的时期与方法

掌握合理的施肥时期和施肥方法可使施入的养分充分发挥出最好的作用，否则，肥效低，作用小，达不到预期的目的。

各种营养元素经施肥进入土壤后，会发生一系列变化。正确合理地确定茶园施肥量，不仅关系肥料的增产效果，而且也关系土壤肥力的提高和茶区生态环境保护。施肥量补不足，茶树生长得不到足够的营养物，茶园的生产潜力得不到发挥，影响茶叶产量、品质和效益。施肥量过多，尤其是化学肥料过多，茶树不能完全吸收，容易引起茶树肥害，恶化土壤理化性质，使茶树生育受到影响，并且造成挥发或淋失，降低肥料的经济效益。过多的肥料随地下渗水流动而污染茶区水源，危及人们健康。因此，应通过计量施肥，即用数量化的方法科学指导施肥，以提供平衡的养分，避免肥料浪费，确保矿质元素的良性循环，并获得最佳的经济效益。

依据茶树在总发育周期和年发育周期的需肥特性不同，各种肥料的性质和效应的差别，茶园施肥可分为底肥、基肥、追肥和叶面施肥等几种。

（一）底肥

底肥是指开辟新茶园或改种换植时施入的肥料，主要作用是增加茶园土壤有机质，改良土壤理化性质，促进土壤熟化，提高土壤肥力，为以后茶树生长、优质高产创造良好的土壤条件。根据杭州茶叶试验场的测定，施用茶园底肥，能显著改善茶园土壤的理化性质，茶树生长也得到明显改善，到了第四年，茶叶产量比不施底肥的能增加 3.6 倍。茶园底肥应选用改土性能良好的有机肥，如纤维素含量高的绿肥、草肥、秸秆、堆肥、厩肥、饼肥等，同时配施磷矿粉、钙镁磷肥或过磷酸钙等化肥，其效果明显优于单纯施用速效化肥的茶园。

施用时，如果底肥充足，可以在茶园全面施用；如果底肥数量不足，可集中在种植沟里施入，开沟时表土、深土分开，沟深 40~50cm，沟底再松土 15~20cm，按层施肥，先填表土，每层土肥混合均匀后再施上一层。

（二）基肥

基肥是在茶树地上部年生长停止时施用，以提供足够的、能缓慢分解的营养物质，为茶树秋、冬季根系活动和翌年春茶生产提供物质基础，并改良土壤。每年入秋后，茶树地上部慢慢停止生长，而地下的根系则进入生长高峰期，基肥施入，茶树大量吸收各种养分，使茶树根系积累了充足的养分，增强了茶树的越冬抗寒能力，为翌年春茶生长提供物质基础。据杭州地区用同位素 ^{15}N 示踪试验，在 10 月下旬茶树地上部基本停止生长后，到翌年 2 月春茶萌发前的这一越冬期间，茶树从基肥吸收的氮素约有 78% 储藏在根系，只有 22% 的量输到地上部满足枝叶代谢所需。2 月下旬后，茶树根系所储藏的养分才开始转化并输送到地上部，以满足春茶萌发生长。到 5 月下旬，即春茶结束，根系从基肥中吸收的氮素约有 80% 被输送到地上部，其中输送到春梢中的数量最多，约占 50%，而且在春茶期间茶树幼嫩组织中的基肥氮占全氮中的比例最大。由此可见，基肥对翌年春茶生产有很大的影响。

基肥施用时期，原则上是在茶树地上部停止生长时即可进

行，宜早不宜迟。因随气温不断下降，土温也越来越低，茶树根系的生长和吸收能力也逐渐减弱，适当早施可使根系吸收和积累到更多的养分，促进树势恢复健壮，增加抗寒能力，同时可使茶树越冬芽在潜伏发育初期便得到充分的养分。长江中下游广大茶区，茶树地上部一般在10月中下旬才停止生长，9月下旬至11月上旬地下部生长处于活跃状态，到11月下旬转为缓慢。因此，基肥应在10月上中旬施下。南部茶区因茶季长，基肥施用时间可适当推迟。基肥施用太迟，一则伤根难以愈合，易使茶树遭受冻害；二则缩短了根对养分的吸收时间，错过吸收高峰期，使越冬期内根系的养分储量减少，降低了基肥的作用。

基肥施用量要依树龄、茶园的生产力及肥料种类而定。数量足、质量好是提高基肥肥料的保证。基肥应既要含有较高的有机质以改良土壤理化特性，提高土壤保肥能力，又要含有一定的速效营养成分供茶树吸收利用。因此，基肥以有机肥为主，适当配施磷、钾肥或低氮的三元复合肥，最好混合施用厩肥、饼肥和复合肥，这样基肥才具有速效性，有利于茶树在越冬前吸收足够的养分；同时逐渐分解养分，以适应茶树在越冬期间的缓慢吸收。幼龄茶园一般每公顷施15~30t堆肥、厩肥，或1.5~2.25t饼肥，加上225~375kg过磷酸钙、112.5~150kg硫酸钾。生产茶园按计量施肥法，基肥中氮肥的用量占全年用量的30%~40%，而磷肥和微量元素肥料可全部作基肥施用，钾、镁肥等在用量不大时可作基肥一次施用，配合厩肥、饼肥、复合肥和茶树专用肥等施入茶园。

茶园施基肥须根据茶树根系在土壤中分布的特点和肥料的性质来确定肥料施入的部位，以诱使茶树根系向更深、更广的方向伸展，增大吸收面，提高肥效。一年生和二年生的茶苗在距根茎10~15cm处开宽约15cm、深15~20cm平行于茶行的施肥沟施入。3~4年生的茶树在距根茎35~40cm处开宽约15cm、深 20~25cm 的沟施入基肥。成龄茶园则沿树冠垂直向下开沟深施，沟深 20~30cm。已封行的茶园，则在两行茶树之间开沟。如果隔行开沟的，应每年更换施肥位置，

坡地或窄幅梯级茶园，基肥要施在茶行或茶丛的上坡位置和梯级内侧方位，以减少肥料的流失。

（三）追肥

追肥是茶树地上部生长期间施用的速效性肥料。茶园追肥的作用主要是不断补充茶树营养，促进当季新梢生长，提高茶叶产量和品质。在我国大部分茶区，茶树有较明显的休眠期和生长旺盛期。研究表明，茶树生长旺盛期间吸收的养分占全年总吸收量的 65%~70%。在此期间，茶树除了利用储存的养分外，还要从土壤中吸收大量营养元素，因此需要通过追肥来补充土壤养分。为适应各茶季对养分较集中的要求，茶园追肥需按不同时期和比例，分批及时施入。追肥应以速效化肥为主，常用的有尿素、碳酸氢铵、硫酸铵等，在此基础上配施磷、钾肥及微量元素肥料，或直接采用复混肥料。

第一次追肥是在春茶前。秋季施入的基肥虽是春季新梢形成和萌发生长的物质基础，但只靠越冬的基础物质，难以维持春茶迅猛生长的需要。因此进行追肥以满足茶树此时吸收养分速度快、需求量多的生育规律。同位素示踪试验表明，长江中下游茶区，3 月下旬施入的春肥，春茶回收率只有 12.3%，低于夏茶的回收率（24.3%）。因此，必须早施才能达到春芽早发、旺发、生长快的目的。按茶树生育的物候期，春梢处于鳞片至鱼叶初展时施追肥较宜。长江中下游茶区最好在 3 月上旬施完。气温高、发芽早的品种，要提早施；气温低、发芽迟的品种则可适当推迟施。第二次追肥是于春茶结束后或春梢生长基本停止时进行，以补充春茶的大量消耗和确保夏、秋茶的正常生育，持续高产优质。长江中下游茶区，一般在 5 月下旬前追施。第三次追肥是在夏季采摘后或夏梢基本停止生长后进行。每年 7—

8月间，长江中下游广大茶区都有“伏旱”现象出现，此时气温高、土壤干旱、茶树生长缓慢，故不宜施追肥。“伏旱”来临早的茶区应于“伏旱”后施；“伏旱”来临迟的茶区，则可在“伏旱”前施。秋茶追肥的具体时间应依当地气候和土壤墒情而定。对于气温高、雨水充沛、生长期长、萌芽轮次多的茶区和高产茶园，需进行第四次甚至更多次的追肥。每轮新梢生长间隙期间都是追肥的适宜时间。

每次追肥的用量比例按茶园类型和茶区具体情况而定。单条幼龄茶园，一般在春茶前和春茶后，或夏茶后2次按5:5或6:4的用量比追施。密植幼龄茶园和生产茶园，一般按春茶前、春茶后和夏茶后3次4:3:3或5:2.5:2.5的用量比施入。高产茶园和南部茶区，年追肥5次的，则按2.5:1.5:2.5:2:1.5的用量比于春茶前、春茶初采和旺采时、春茶后、夏茶后和秋茶后分别追肥。印度和斯里兰卡等国一般进行两次追施，在3月施完全部磷、钾肥和一半氮肥，6月再施余下的一半氮肥。日本磷、钾肥在春、秋季各半施用，氮肥则分4次，春肥占30%；夏肥分2次，各占20%；秋肥占30%。东非马拉维试验表明，在土壤结构良好的情况下，把全年氮肥分6次或12次施，虽然年产量不比只分2~3次施的增加，但可使旺季的茶叶减少8%~22%，具有平衡各级进厂鲜叶量的好处。

追肥施用位置：幼龄茶园应离树冠外沿10cm处开沟；成龄茶园可沿树冠垂直开沟；丛栽茶园采取环施或弧施形式。沟的深度视肥料种类而异，移动性小或挥发性强的肥料，如碳酸氢铵、氨水和复合肥等应深施，沟深10cm左右；易流失而不易挥发的肥料如硝酸铵、硫酸铵和尿素等可浅施，沟深3~5cm，施后及时盖土。

（四）叶面施肥

茶树叶片除了依靠根部吸收矿质元素外，还能享受吸附在叶片表面的矿质营养。茶树叶片吸收养分的途径有两种：一是

通过叶片的气孔进入叶片内部；二是通过叶片表面角质层化合物分子间隙向内渗透进入叶片细胞。据同位素试验表明，叶面追肥，尤其是微量元素的施用，可大大活化茶树体内酶体系，从而加强根系的吸收能力；一些营养与化学调控为一体的综合性营养液，则具有清除茶树体内多余的自由基、促进新陈代谢、强化吸收机能、活化各种酶促反应及加速物质转化等作用。叶面施肥不受土壤对养分淋溶、固定、转化的影响，用量少，养分利用率高，施肥效益好，对于施用易被土壤固定的微量元素肥料非常有利。据斯里兰卡报道，用20%尿素喷茶叶叶背，只需4h即可把所喷的尿素吸收完毕。因而通过叶面追肥可使缺素现象尽快得以缓解。同时还能避免在茶树生长季节因施肥而损伤根系。在逆境条件下，喷施叶面肥还能增强茶树的抗性。

例如，干旱期间对叶面喷施碱性肥，可适当改善茶园小气候，有利于提高茶树抗旱能力；而在秋季对叶面喷施磷、钾肥，可提高茶树抗寒越冬能力。

叶面追肥施用浓度尤为重要，浓度太低无效果，浓度太高易灼烧叶片。叶面追肥还可同治虫、喷灌等结合，便于管理机械化，经济又节省劳力。混合施用几种叶面肥，应注意只有化学性质相同的（酸性或碱性）才能配合。叶面肥配合农药施用时，也只能酸性肥配酸性农药，否则就会影响肥效或药效。叶面追肥的肥液量，一般采摘茶园每公顷为750~1 500kg，覆盖度大的可增加，覆盖度小的应减少液量，以喷湿茶丛叶片为度。茶叶正面蜡质层较厚，而背面蜡质层薄，气孔多，一般背面吸收能力较正面高5倍，故以喷洒在叶背为主。喷施微量元素及植物生长调节剂，通常每季仅喷1~2次，在芽初展时喷施较好；而大量元素等可每7~10天喷1次。由于早上有露水，中午有烈日，喷洒时易使浓度改变，因此宜在傍晚喷施，阴天则不限。下雨天和刮大风时不能进行喷施。目前茶树作为叶面追施的肥料有大量元素、微量元素、稀土元素、有机液肥、生物菌肥、

生长调节剂以及专门性和广谱型叶面营养物，品种繁多，作用各异。具体可根据茶树营养诊断和土壤测定，以按缺补缺、按需补需的原则分别选择。

二、茶园绿肥

（一）茶园绿肥的作用

茶园绿肥可以增加土壤有机质，从而提高土壤肥力；可以保坎护梯，防止水土流失；可以遮阴、降温和改善茶园小气候，从而提高茶叶的产量和质量；绿肥饲料还可以饲喂家畜，促进农牧结合。

（二）茶园绿肥种类的选择

我国茶区辽阔，茶园类型复杂，土壤种类繁多，气候条件不一。因此，茶园绿肥必须根据本地区茶园、土壤、气候和绿肥品质的生物学特性等，因地制宜地进行选择。

1. 根据茶园类型选择绿肥种类

热带及亚热带红黄壤丘陵山区的茶园，由于土质贫瘠理化性差，在开辟新茶园前，一般宜种植绿肥作为先锋作物进行改土培肥。茶园的先锋绿肥作物一般选用耐酸耐瘠的高秆夏绿肥，如大叶猪屎豆、太阳麻、田菁、决明、羽扇豆等。

在一年生、两年生茶园中，由于茶苗幼小覆盖度低，土壤冲刷和水土流失严重。这类茶园宜选用矮生匍匐型绿肥，如黄花耳草、苕子、箭舌豌豆、伏花生等。作为幼龄茶园的遮阴绿肥，通常选用夏季绿肥如木豆、山毛豆、太阳麻、田菁等。为了防止幼龄茶园的冻害，一般选用抗寒力强的一年生金花菜、肥田萝卜、苕子等。在三年生、四年生茶园中，为了避免绿肥与茶树争夺水分和养分，应选择矮生早熟绿肥品种如乌豇豆、早熟绿豆和饭豆等。对于刈割改造的低产茶园，由于台刈后茶树发枝快、生长迅速，对肥水要求比幼龄茶树强烈，因此要选

择生长期短的速生绿肥，如乌豇豆等。

山地、丘陵的坡地茶园或梯级茶园，为保梯护坎可选择多年生绿肥如紫穗槐、铺地木蓝、知风草等。

2. 根据茶园土壤特性选择绿肥种类

茶园土壤为酸性土，故茶园绿肥首先要是耐酸性的植物。山东茶区认为伏花生在北方沙性土茶园中是最好的夏季绿肥。在我国的中部茶区如浙江、江西、湖南等省第四纪红土上发育的低丘红壤茶园，酸度大、土质黏重、土壤肥力低，夏季绿肥的选用：大叶猪屎豆和满园花（肥田萝卜）可以先种，以后逐步向其他绿肥过渡。

3. 根据茶区气候特点选择绿肥种类

我国茶区分布广泛，各区气象条件千差万别，故茶园绿肥必须根据各地的气候特点进行选用。北方茶区由于冬季气温低、土壤较旱，因此要选用耐寒耐旱的绿肥品种。一般选择毛叶苕子、豌豆。坎边绿肥铺地木蓝、木豆、山毛豆等通常只能在广东、福建、台湾茶区种植。而紫穗槐和草木樨等绿肥由于具有一定的抗寒抗旱能力，故可作为北方茶区的护堤保坎绿肥。长江中下游茶区，因为气候温和，雨水充沛，适宜作茶园绿肥的品种有很多。冬季主要有紫云英、金花菜、苕子、肥田萝卜、豌豆、绿豆、饭豆、红小豆、黑毛豆、黄豆等；多年生绿肥主要有各种胡枝子、葛藤、紫穗槐等。而西南的高原茶区，由于冬春干冷少雨，冬季绿肥最好用毛叶苕子和满圆花，夏季绿肥以大叶猪屎豆和太阳麻最好。

4. 根据绿肥本身的特性来选择茶园绿肥的种类

如铺地木蓝与紫穗槐可作为各茶区的梯壁绿肥，但不能与茶树间作。再如矮秆速生绿肥由于生长快、生长期短而根系较浅，与茶树争水争肥能力差，适合于三年生和四年生的茶园或台刈改造茶园间作。而匍匐型的绿肥则宜间作于新垦坡地茶园

的行间，既可肥土又可防止水土流失。山毛豆、木豆由于高分枝多，且叶少而稀，适合作南方茶园的遮阴绿肥。

（三）茶园绿肥栽培

1. 紫云英

紫云英又称红花草、江西苕、小苕，为一年生或二年生豆科作物。它是主要的冬季绿肥作物，也可作家畜饲料，在长江以南各省广泛种植，近年来有北移趋势。紫云英主根直立粗大，圆锥形，侧根发达，根瘤较多。植株高 60～100cm。紫云英喜温暖，种子发芽的适宜温度为 15～25℃。其生长规律是冬长根、春长苗，冬前生长慢。紫云英喜湿润，适宜在田间持水量 75% 左右的土壤中生长。适宜的土壤 pH 值在 5. 5～7. 5。栽培方式为茶园套种或与肥田萝卜、麦类、油菜、蚕豆等混种，或在旱地单种。其栽培要点如下。

（1）种子处理。选用当年收获的种子；播种前要晒种、擦种（将种子与细沙按 2∶1 的比例拌匀，放在石臼中捣种 10～15min，至种子“起毛”而不破裂为度）。用 30%～40% 腐熟人粪尿浸种后再晾干。然后接种根瘤菌（对新种植区尤其重要），紫云英喜湿怕涝忌旱，因此要开好排水沟。

（2）因地制宜，适时早播。各地播种期不同，以 9 月上中旬至 10 月下旬播种为宜。每亩播种量 1. 5～2. 5kg。

（3）以小肥养大肥，以磷增氮。酸性茶园土壤中有效磷含量甚低，施用磷肥后可使绿肥产量明显增加（亩施过磷酸钙 15kg）。

2. 肥田萝卜

肥田萝卜又名满园花、萝卜青等，十字花科萝卜属，非豆科绿肥。可与紫云英、油菜等混播。肥田萝卜喜温暖湿润，适应性较强。它对难溶性磷的吸收利用能力强，能利用磷灰石中的磷。

播种及管理：播种前精细整地，开沟排水。肥田萝卜的适播期为9月下旬至11月中旬。播种量为每亩0.5~1kg。用磷肥或灰肥拌种。

3. 油菜

油菜为肥、油兼用的绿肥作物。宜与紫云英、箭舌豌豆等豆科绿肥作物间、套、混种。油菜喜温暖气候。最佳生长温度为15~20℃。秋播全生育期200天左右，春播60~70天即可进入盛花期。

播种与管理：播期因地而异，南方为10月下旬至11月中旬，北方为2月底至3月初。撒播量为每亩0.20~0.26kg，作短期绿肥时用种量可增至每亩0.5kg。

（四）茶园绿肥的利用

1. 用作家禽饲料

尤其是豆科绿肥作物，养分含量较高，不仅是优质的肥料，而且是优质的饲料。可青饲、青贮或调制成干草，用来饲喂家畜，再利用家畜粪便肥田，这样可以大大提高绿肥的利用率，同时，也可解决家禽与人争地的矛盾。茶园绿肥中除大叶猪屎豆有毒、决明豆有异味等少数品种不能作为饲料外，大部分可以。如红三叶草、白三叶草、紫云英、肥田萝卜都是牛、羊的优质饲料。但需要注意的是，豆科绿肥青饲料不可一次大量喂给牛、羊，应与其他非豆科青饲料或秸秆配合饲喂，否则会使牛、羊患瘤胃臌气病。

2. 作为改土的先锋作物

茶树是多年生常绿作物，播种定植前对土壤肥力的要求很高。对于新垦茶园来说深耕熟化是最基本的措施。深耕后容易使土壤层次打乱，表土、生土增加，如果立即种茶则不易生长。故需要种植1~2年绿肥作为先锋作物以促进土壤熟化。对于改植换种的低产茶园，由于多少年来一直种植茶树，茶根分泌物

和茶树枯枝落叶中含有很高的茶多酚类化合物，它们对微生物有一定的抑制作用，使土壤生境和微生物区系不利于茶树生长，所以低产茶园改植换种时，也要先栽培1~2年绿肥以改良土壤。

3. 直接压青作茶园基肥

茶园绿肥的水分含量较高，茎叶幼嫩，可直接翻埋压青肥田。冬季绿肥压青可于翌年盛花期前后，结合茶园春耕将其翻埋于深层土壤；对于速生早熟的夏绿肥，如乌豇豆、速生型绿肥，因其生长期长可经两三次刈割后，于茶园秋耕时翻入土中。由于压青绿肥幼嫩容易腐解，分解过程中释放出热和大量的有机酸等物质，容易“烧坏”茶根，尤其在土壤水分较少时，因此翻压绿肥时，应离开茶树根茎40~50cm处开沟或深埋。

4. 制成堆肥或沤肥

用作茶园追肥或基肥。

5. 作茶园的覆盖物

将茶园绿肥刈青后覆盖在茶园地面上，可以提高土壤的含水率，减少水土流失，具有防寒防冻等作用，同时覆盖材料分解后也能为土壤提供养分。

（五）充分利用土地，广辟茶园绿肥基地

茶园间作绿肥，只能在1~3年生幼龄茶园或台刈改造的茶园进行。对于大部分成龄茶园，由于受密度限制而无法间作绿肥。因此在新辟茶园时，行距可以适当放宽，也可以利用一些空闲地、荒山、水面（水中可养殖细绿萍、水葫芦等），建立茶园绿肥基地。

第二节 茶园土壤耕作

茶园土壤耕作可分为浅耕、中耕、深耕及深翻改土。

一、浅耕和中耕

浅耕即在表土层作浅层耕作，中耕的耕作深度介于浅耕和深耕之间。

（一）浅耕和中耕的作用

（1）铲除杂草。

（2）疏松表土层土壤，加强土壤的透水、透气性。

（3）切断土壤毛细管减少水分蒸发，稳定下面耕作层的水热状态。

（二）时间与方式

浅耕：深度 10cm 以内，除草结合施肥。每年进行 3~5 次，即在 3 月施催芽肥时耕作 1 次，5—6 月夏肥施用时耕作 1 次，8—9 月除草 1 次，利用杂草种子还未成熟时进行一次秋肥，除草浅耕。对幼龄茶园除草，苗旁杂草用手拔除，除草仅在行间进行，以免损伤幼苗。

中耕：深度 10~15cm，主要在春茶之前。

二、深耕

指在原耕作层的基础上，加深耕作层作业。

（一）深耕的作用

（1）改善土壤的物理性质，可减轻土壤的容重，增加土壤孔隙度，提高土壤蓄水量。

（2）加深和熟化耕作层，加速下层土壤风化分解，将水不溶性养分转化为可溶性养分。

（二）深耕的程度

（1）深耕程度。依茶园管理水平、种植方式、品种、树龄而定，主要根据茶树生长势及根系是否发达等情况。

（2）管理水平高的茶园，长势好的茶园，可以浅耕或免耕。

（3）条栽密植茶园行间根系分布较多，程度浅些，不能年年深耕。

（4）疏植茶园，丛栽茶园。深耕程度可深些，一般可掌握在 25～30cm。

（5）大叶种根系分布较深可深耕，而中小叶种则可适当浅些。

（6）幼龄茶园浅耕，老龄茶园可深耕。

（7）土壤结构良好，土壤肥沃的茶园可以免耕。

（三）深耕的时间与方式

深耕掌握的时间的原则是：避开采茶旺季和不良的环境条件。如恶劣的天气，如高温、干旱、霜冷。

1. 北部茶区

在 8—9 月基本结束茶季，气温也不很低，杂草种子尚未成熟，是较好的深耕季节。

2. 南部茶区（本市）

一般在 11 月至翌年 2 月间进行，偏早较好些，冬季重霜期后进行深耕，在耕作中可以不打碎土块，有利于改善土壤结构，同时结合清园工作，把杂草、枯枝、落叶压入土中。

三、深翻改土

（一）深翻改土的作用

能破坏底土对根系的机械阻力，结合施用大量的有机肥，进行改良土壤的性状。

（二）时间与方法

深翻改土要分期分批进行，一般在 11 月至翌年 2 月。具体方法如下。

（1）挖沟回表土，深×宽＝50cm×50cm，回表土>20cm。

（2）施基肥。绿肥 2 000～2 500kg/亩，饼肥 100～

150kg/亩。

（3）底土回沟面，把底土层平展于表面。

第三节 水分管理

水是构成茶树机体的主要成分，也是各种生理活动所必需的溶剂，是生命现象和代谢的基础。茶树水分不足或过多，代谢过程受阻，都会给各种生命活动过程造成不良影响，进而导致茶叶产量和质量的降低。因此，有效地进行茶园水分管理是实现“高产、优质、高效”的关键技术之一。

茶树需水包括生理需水和生态需水。生理需水是指茶树生命活动中的各种生理活动直接所需的水分；生态需水是指茶树生长发育创造良好的生态环境所需的水分。茶园水分管理，是指为维持茶树体内正常的水分代谢，促进其良好的生长发育，而运用栽培手段对生态环境中的水分因子进行改善。在茶园水分循环中，茶园水分别来自降水、地下水的上升及人工灌溉 3 条途径。而茶园失水的主要渠道是地表蒸发、茶树吸水（主要用于蒸腾作用）、排水、径流和地下水外渗。

一、茶园保水

由于我国绝大部分茶区都存在明显的干旱缺水期和降雨集中期，加上茶树多种植在山坡上，灌溉条件不利，且未封行茶园水土流失的现象较严重，因而保水工作显得非常重要。据研究，我国大多数茶区的年降水量一般多在 1 500~2 000mm，而茶树全年耗水最大量为 1 300mm，可见，只要将茶园本身的保蓄水工作做好，积蓄雨季的剩余水分为旱季所用，就可以基本满足茶树的生长需要。茶园保水工作可归纳为两大类：一是扩大茶园土壤蓄纳雨水能力；二是控制土壤水分的散失。

（一）扩大土壤蓄水能力

土壤不同，保蓄水能力也不相同，或者说有效水含量不一样，黏土和壤土的有效水范围大，沙土最小。建园时应选择相宜的土类，并注意有效土层的厚度和坡度等，为今后的茶园保水工作提供良好的前提条件。

但凡可以加深有效土层厚度、改良土壤质地的措施，如深耕、加客土、增施有机肥等，都能够显著提高茶园的保水蓄水能力。

在坡地茶园上方和园内加设截水横沟，并做成竹节沟形式，能够有效地拦截地面径流，雨水蓄积在沟内，再缓缓渗入土壤中，是茶园蓄水的有效方式。另外新建茶园采取水平梯田式，山坡坡段较长时适当加设蓄水池，也可以扩大茶园蓄水能力。

（二）控制土壤水分的散失

地面覆盖是减少茶园土壤水分散失的有效办法，最常用的是茶园铺草，可减少土壤蒸发。

茶园承受降雨的流失量与茶树种植的形式和密度关系密切。一般是条列式小于丛式，双条或多条植小于单条植，密植小于稀植；横坡种植的茶行小于顺坡种植的茶行。幼龄茶园和行距过宽、地面裸露度大的成龄茶园，流失情况特别严重。

合理间作。尽管茶园间作物本身要消耗一部分土壤水，但是相对于裸露地面，仍然可以不同程度地减少水土流失，坡度越大作用越显著。

耕锄保水。在雨后土壤湿润、表土宜耕的情况下，及时进行中耕除草，不仅可以免除杂草对水分的消耗，而且能够有效地减少土壤水的直接蒸散。

在茶园附近，特别是坡地茶园的上方适当栽植行道树、水土保持林，园内栽遮阳树，不仅可以涵养水源，而且能够有效地增加空气湿度，降低自然风速，减少日光直射时间，从而减弱地面蒸发。

此外，也应该合理运用其他管理措施。例如，适当修剪一部分枝叶以减少茶树蒸腾；通过定型和整形修剪，迅速扩大茶树树冠对地面的覆盖度，不仅可以减少杂草和地面蒸散耗水，而且能够有效地阻止地面径流；施用农家有机肥，可以有效改善茶园土壤结构，提高土壤的保水蓄水能力。

二、茶园灌溉

茶园灌溉是有效提高茶叶产量、改善茶叶品质的生产措施之一，关键在于选择合适的灌溉方式和时期。用于茶园灌溉的水质应符合灌溉用水的基本要求。

为充分发挥灌溉效果，做到适时灌溉十分重要。所谓适时，就是要在茶树尚未出现因缺水而受害的症状时，即土壤水分减少至适宜范围的下限附近，就补充水分。判断茶树的灌溉适期，一般有3种方法：一是观察天气状况。依当地的气候条件，连续一段时间干旱，伴随高温时要注意及时补给水分。二是测定土壤含水量。茶园土壤含水量大小能够反映出土壤中可为茶树利用水分的多少。在茶树生长季节，一般当茶树根系密集层土壤田间持水量为90%左右时，茶树生育旺盛，下降到60%~70%时，生育受阻，低于70%，叶细胞开始产生质壁分离，茶树新梢就受到旱害。因此，在茶树根系较集中的土层田间持水量接近70%时，茶园应灌溉补水。三是测定茶树水分生理指标。茶树水分生理指标是植株水分状况的一些生理性状，例如芽叶细胞液浓度和细胞水势等。在不同的土壤温度与气候条件下，水分生理指标可以客观地反映出茶树体内水分供应状况。新梢芽叶细胞液浓度在8%以下时，土壤水分供应正常，茶树生育旺盛；细胞液浓度接近或达到10%时，表明土壤开始缺水，需要进行灌溉。

合理茶园灌溉方式的选择，必须充分考虑合理利用当地水资源、满足茶树生长发育对水分的要求、提高灌溉效果等因素。

（一）浇灌

浇灌是一种最原始、劳动强度最大的给水方式，不适宜大面积采用，可在没有修建其他灌水设施，临时抗旱时使用。特点是水土流失小、节约用水等。

（二）自流灌溉

茶园自流灌溉的方法主要有两种：一种通过开沟将支渠里的水控制一定的流量，分道引入茶园，称为沟灌法。开沟的部位和深度与追肥沟基本上一致，这样可以使流水较集中地渗透在整个茶行根际部位的土层内。灌水完毕后，应及时将灌水沟覆土填平。另一种是漫灌法。即在茶园放入较大流量的水，任其在整个茶园面上流灌。漫灌用水量较多，只适宜在比较平坦的茶园里进行。

对茶园进行灌溉，应根据不同地势条件掌握一定的流量。过大的流量容易造成流失和冲刷；过小的流量则要耗费很长的灌溉时间。一般说来，坡度越大，采用的流量必须相应减小。一般沟灌时采用每小时 $4\sim7m^3$ 的流量较为适合。

（三）喷灌

喷灌类似自然降雨，是通过喷灌设备将水喷射到空中，然后落入茶园。主要优点有：可以使水绝大部分均匀地透入耕作层，避免地面流失；水通过喷射装置形成雾状雨点，既不破坏土壤结构，又能改变茶园的小气候，提高产量和品质。同时可以节约劳动力、少占耕地、保持水土、扩大灌溉面积。但喷灌也有一些局限性，如风力在 3 级以上时水滴被吹走，大大降低灌水均匀度；一次性灌水强度较大时往往表面湿润较多，深层湿润不足，而且喷灌设备需要较高的投资。

（四）滴灌

滴灌是利用一套低压管道系统，将水引入埋在茶行间土壤中（或置于地表）的毛管（最后一级输水管），再经毛管上的吐水孔（或滴头）慢慢（或滴）入根际土壤，以补充土壤水分的不足。滴灌的优点是：用水经济，保持土壤结构；通气好，有利于土壤好气性微生物的繁殖，促进肥料分解，以利用茶树的吸收；减少水分的表面蒸发，适用于水源缺乏的干旱地区。缺点是：材料多、投资大，滴头和毛管容易堵塞，田间管理工作比较困难。

第四章　茶树修剪技术

第一节　茶树修剪时期及修剪机械

在不同的生长发育阶段，茶树具有不同的生长习性。合理修剪是促进茶叶高产优质、稳产的一项基本措施。同时，通过人为剪除部分枝条，改变茶树生长分枝习性，促进营养生长，可以塑造理想树型，延长茶树经济年限。不同年龄时期的茶树，由于修剪目的、要求不同，因而有不同的修剪的方法。

茶树修剪，可以让茶树的生长发育朝着人们需要的方向发展。具体作用有：减少纤弱枝，促进骨干枝的形成，增加骨干枝的数量，为形成广阔的树冠打下基础；修整树冠，提高萌芽力，促进芽叶肥壮；调剂树体营养，节制养分消耗，减少病虫为害；创造平整的采摘面，提高采茶工效，方便机械操作和管理。

一、修剪时期

茶树修剪时期适当与否，与修剪后新生枝条的生长量与粗壮程度有密切关系。不同时期进行茶树修剪，对树冠养成的好坏影响很大，修剪时期选择不恰当，达不到预期的目的，甚至造成茶树茎干枯死。决定茶树最适宜的修剪时期，应该以茶树的生长规律及气候条件为主要依据。

在一年营养生长过程中，茶树有 3~4 个相对休眠期，其中以当年 10 月至翌年 3 月上旬这一休眠期最长。10—11 月进入生殖生长阶段，12 月至翌年 5 月上旬生长停滞，处于休眠状态。此时，为满足翌年萌发生长的需要，茶树根部储存有较多养料。因此，最理想的茶树修剪时期是在春茶萌发前，即 2 月下旬或 3 月上旬。茶树新生枝条的生长强度，均以春茶前修剪的为最好。部分地区的茶园考虑到当年的收益，整形修剪和更新修剪在春茶后（5 月上旬）进行。其生长强度次于春茶前修剪的，这是因为通过一季春茶，养分消耗较多，生长期缩短，修剪后新生枝条的再生能力也相对被削减。为了使修剪创伤恢复较快，促进新生枝条的萌发，要注意缩短春茶的采摘期，尽可能地提前修剪期。幼龄茶树的定型修剪，目的是培育健壮的骨干枝，以春茶前为宜，假如植株尚未达到开剪的标准，也可在春茶后进行。

茶树的修剪时期，还必须与当地的气候条件相结合。高山地区一般寒冷来临较早，霜期较长，春茶前修剪要适当推迟，以避免修剪后新梢的冻害和灼伤。干旱少雨的地区，夏茶期间的修剪应注意提早。例如，湖南省夏秋气温较高，对新梢的生长有利。但这一时期，历年都有不同程度的干旱，在高温干旱的环境条件下，容易使萌发出来的芽叶受到灼伤，甚至导致植株枯死。因此，不适宜在夏末秋初进行修剪。

另外，对耐寒性较弱的品种，修剪期应该适当推迟；发芽早的品种，修剪期则可以相应提前。

二、修剪机械

传统的修剪方式是使用整枝剪、篱剪、台刈剪、锯、砍刀等工具进行人工修剪。这种修剪方式简单灵活，但劳动强度大、耗时多、工效低。随着社会经济的发展，农村劳动力紧张和劳动成本上涨，茶叶生产成本大大提高，许多生产单位配置了一定的修剪机械。使用修剪机械，具有工效高、质量好、成本低的特点。在今后的茶叶生产后，修剪机械必然会得到更加广泛

的推广应用。

茶树修剪机的选择要点：一是要与生产规模相符合，根据作业对象与作业内容作出合理的选择；二是要掌握正确的使用方法。过量购置容易造成资源浪费，而不当的使用或工作效率不高，或容易使机器损坏，均不利于生产。

新栽种的茶树枝条较嫩，1～2 年内的定型修剪可用整枝剪修剪，之后几年可选用双人抬平行轻修剪机、深修剪机或单人修剪机进行。平行修剪机修剪有利于加速封行。

采摘后 5～10 天内为平整茶树冠面突出的部分枝叶进行整理的修剪，深度在 1cm 左右，可选用单人修剪机、双人抬轻修剪机，也可用单人或双人采茶机替代使用。

轻修剪的修剪范围是树冠面 3～5cm 层，枝条直径 0.3～0.5cm，可选用单人修剪机或双人抬轻、深修剪机。

深修剪是剪树冠面 10～15cm 层内的枝条，枝条直径达 0.8cm，可选用单人修剪机或双人深修剪机。

重修剪是在离地 40cm 左右处剪切，树枝直径粗达 2.5cm，木质较硬，可选用轮式平型重修剪机或圆盘式台刈机（也称割灌机）。

台刈树干最粗，木质坚硬，只能选用台刈机作业。

茶树封行后，行间枝叶密集，通风透光条件不良，不便行走操作，可以用单人修剪机剪去茶行两侧枝条，留出 15～20cm 的操作道。

第二节　茶树修剪技术

定型修剪、轻修剪、深修剪、重修剪和台刈是我国广大茶区在茶树树冠管理上推广应用的 5 种主要修剪方法，作用各不相同。定型修剪是为培养茶树骨架，促使分枝，扩大树冠；轻修剪和深修剪是为控制树冠的一定高度，保持树冠面生产枝的粗度和数量，使生产芽叶的产量和品质维持在一定的水平；重修剪和台刈可以使衰老茶树的枝梢得以复壮，恢复或超过原有树型和生产力水平。根据茶树的生育特点、树势和环境状况，合理地运用各种修剪技术，可以有效促使高效、优质茶树树冠形成。

一、定型修剪

定型修剪是指根据茶树自然生长规律，利用修剪的手段，调整其生育过程，改变原有的生长习性，促进骨干枝的形成，培养粗壮的骨干枝架，为创造广阔的树冠打下基础。

茶树在幼龄时期有明显的主干，主干上抽发出参差不齐的分枝。随着树龄的增大，侧枝的生长势随着主干生长优势的逐渐减弱而相应增强，树型慢慢向灌木型方向发展。在自然生长的条件下，茶树一般有明显的顶端优势，腋芽生长慢，顶芽生长快，并有抑制腋芽生长的作用。未经修剪的茶树，分枝多而细弱，生长很不匀齐，很难扩大树冠幅度。而经过定型修剪的茶树，除树高略低外，幅度增加30%左右，增加有效分枝一倍以上。

1. 开剪时间

幼龄茶树第一次定型修剪的时间不可过早也不能太迟，过早因幼苗细弱，抽发的分枝不会粗壮，很可能影响骨干枝架的形成；太迟则会相应推迟茶树投产的年限。根据各地经验，当全园75%的茶苗高度达到25cm以上时，就可以进行第一次定型修剪。没有达到开剪标准的茶苗，可以推迟一个茶季至春茶后(5月中旬至6月下旬）进行。

2. 修剪高度与次数

幼龄茶树分枝的数量和粗壮程度直接受定型修剪的高低影响。若修剪偏高，分枝虽多，但分枝较细弱，第一层骨干枝不粗壮，势必影响第二层骨干枝的粗壮程度，因此不利于整个树体骨干枝架的形成。若修剪稍低，分枝数虽少，但分枝较粗壮，却有利于骨干枝架的形成。

第一次定型修剪：第一次定剪对茶树骨架的形成十分重要，必须精细进行，确保质量，宜用整枝剪逐株依次进行。只剪主枝，不剪侧枝，剪时不可留桩过长，以免损耗养分。高度一般离地面15～20cm。剪口应向侧倾斜，尽量保留外侧的腋芽，使发出的新枝向四周伸展。为避免雨水浸渍伤口、难于愈合，剪口应光滑，切忌剪裂。

第二次定型修剪：通常在上次修剪一年后进行。修剪的高度可在上次剪口上提高15～20cm。如果茶苗生长旺盛，苗高已达修剪标准，也可提前进行。这次修剪可用篱剪按修剪高度标准剪平，然后用整枝剪将过长的桩头修去，同样要注意留外侧的腋芽，以方便分枝向外伸展。

第三次定型修剪：在第二次定型修剪一年后进行，如果茶苗生长旺盛同样也可提前。修剪的高度在上次剪口上提高10～15cm，用篱剪将篷面剪平。

定型修剪（图4-1）中，第一、第二次对骨干枝架的形成具有决定性作用的，第三次修剪则以平整树冠面为主要任务，因此第二次修剪后，也有采用打顶的方式代替第三次修剪。第四年和第五年每年生长结束时，在上年剪口以上提高5～10cm进行整形修剪，使茶冠略带半弧形，以进一步扩大采摘面。茶树5年足龄后，树冠已基本定型，可以正式投产，此后可按成年茶树修剪方法进行管理。

另外，茶树的定型修剪不仅指对幼年茶树的定型修剪，也包括衰老茶树改造后的树冠重塑，即重修剪或台刈后的茶树也需进行定型修剪。

二、整形修剪

整形修剪，包括浅修剪、深修剪和疏枝等几方面内容。经

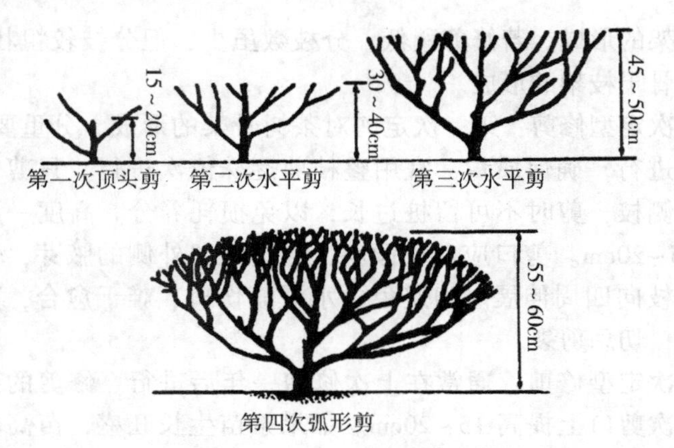

图 4-1　幼龄茶树组合修剪技术

过 3 次定型修剪的幼龄茶树，通过 1～2 年的打顶养蓬，树高可达 0. 7～0. 8m，树幅超过 0. 9m 以上，正式投入生产，由幼龄期进入到壮龄期。此后由于树龄的增加和不断采摘的关系，茶树生机必然逐渐减弱，出现分枝层次增多、分枝逐渐细弱、萌芽力日趋降低等现象。因此，必须根据茶树不同的年龄时期和生长状态，采取适当的修剪方法，调整其各个生长发育期的生理机能，提高发芽力，以达到茶叶稳定高产的目的。

（一）轻修剪

轻修剪一般每年在茶树树冠采摘面上进行一次，每次在上次剪口上提高 3～5cm。如果树冠整齐，长势旺盛，也可以隔年修剪一次。其目的是抑制树冠上面的徒长枝，创造平衡的树冠，促进营养生长，减少开花结果。要求只剪去高出树冠面的突出枝条，不剪树冠面的平整部分。较多的是将茶树冠面上突出的部分枝叶剪去，整平树冠面，修剪程度较浅，称为“修平”；为了调节树冠面生产枝的数量和粗度，则剪去树冠面上 3～10cm 的叶层，修剪程度相应较重，称为“修面”。

由于各地生态条件、品种、茶树的生长势等存在较大的差

别，因此轻修剪的程度必须根据茶园所在地的具体情况酌情加以应用，因地制宜，因树制宜。例如，气候温暖、培肥管理较好、生长量大的茶园，轻修剪可剪得重一些；采摘留叶较少，叶层较薄的茶园，应剪得轻一些，以免叶面积骤减影响生长；生长势较强，生产枝粗壮，育芽能力强，分枝较稀，蓬面枝梢分布合理，气候较冷的地区，修剪程度可略轻一些，只稍作树冠平整即可；生产枝细弱，有较多的对夹叶发生，分枝过密的茶树，修剪程度应稍重一些；而一些冬季或早春受冻的茶树，只将受冻叶层、枯枝等剪去即可。

轻修剪时必须考虑树冠面保持一定的形状，水平型和弧型是应用最多、效果较好的是两种类型。纬度高、发芽密度大的灌木型茶树，以弧型修剪面为好；纬度低、发芽密度稀的乔木、小乔木茶树，发芽密度稀，生长强度大，以水平型修剪面为好。

（二）深修剪

经过多次修剪和采摘后，茶树树冠面可能形成一层稠密的、俗称“鸡爪枝”层的纤弱枝。这些小枝上结节多，有碍营养物质的输送，导致茶树发芽力不旺，芽叶瘦小，容易形成对夹叶，所以必须根据树冠分枝的生长状况进行一次深修剪。“鸡爪枝”层薄的，修剪程度要前，反之修剪宜深，一般剪去树冠面 10～15cm 不等。

茶树经深修剪后重新形成的生产枝层比修剪前的粗壮、均匀，育芽势增强，但仍需在此基础上进行轻修剪，隔几年后再次进行深修剪，修剪程度一次比一次重。深修剪大体上可每隔 5 年或更短的时间进行一次，具体应根据各地茶园状况、生产要求而定。

深修剪的时间通常在春茶萌动前，也可在春茶采后进行，留养一季夏茶，秋季便能采茶，以减少当年产量的损失。有的在夏茶后剪，留养秋茶。翌年早春伏旱的地区，为避免干旱影响新梢的萌发和生长，不宜在夏茶后剪。

深修剪尽管可以恢复树势，但由于剪位深，对茶树刺激重，因而对当年产量有一定的影响，剪后的当季没有茶叶收获，下季茶产量也较低。在茶园一切管理正常的条件下，气候没有剧烈变化，而茶叶产量却连续下降，树冠面枝梢生长势减弱时，可以实施深修剪。

(三) 疏枝及边缘修剪

针对成年茶树树冠比较郁闭、行间狭窄的情况，可以在轻、深修剪的同时，辅助进行疏枝及边缘修剪措施。

由于病虫害及采摘不合理的影响，致使茶丛内出现有枯枝、衰老枝、健壮枝和根茎部萌发出来的“土蕻子”（根茎枝），形成“两层楼”的茶蓬。对这样的茶树，可以进行疏枝。具体方法是：用整枝剪剪掉茶丛内的枯枝、衰老枝、纤弱的荫枝和病虫害枝，留下健壮枝和根茎枝。然后再用水平剪平剪掉健壮枝和根茎枝的1/2或1/3高度，这样可使茶树通风透光，减少不必要的养分消耗，促进茶树健康生长。

上述修剪除疏枝用整枝剪外，其他都采用篱剪或修剪机修剪，要求修剪器具锋利、剪口平滑，避免枝梢撕裂，否则会引起病虫侵袭和雨水浸入，枝梢枯死，影响发芽。

三、重修剪和台刈

经过多年的采摘和各种轻、深修剪，茶树上部枝条的育芽能力逐步降低，即使加强轻、深修剪及培肥管理，树势也无法再保持较好的恢复，具体表现为发芽力不强，芽叶瘦小，对夹叶比例明显增多，开花结实量大，产量和芽叶质量下降，根茎处不断有新枝（俗称地蕻枝、徒长枝）发生。对于这类茶树，应该更新树冠结构，重组新一轮茶树树冠，可以按衰老程度的不同，采用重修剪或台刈（图4-2）方法进行改造。

(一) 重修剪

重修剪对象包括未老先衰的茶树和一些树冠虽然衰老，但

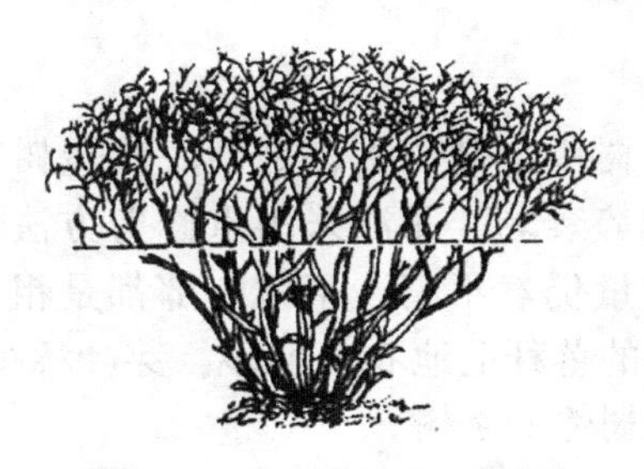

图 4-2　茶树重修剪示意图

主枝和一、二级分枝粗壮、健康，具较强的分枝能力，树冠上有一定绿叶层，采取深修剪已不能恢复树冠面生长势的茶树。

重修剪程度要掌握恰当。修剪程度过轻，可能达不到改造目的，甚至改造后不久又较快衰老，失去改造意义。修剪过重过深，树冠恢复较慢，恢复生产期推迟。因此，要求根据树势确定修剪深度。通常的深度是剪去树高的 1/2 或略多一些，长年管理缺失的茶树，由于茶树高度过高，不利于管理，重修剪时应留下离地面高度 30～45cm 的主要骨干枝部分，以上部分统统剪去。重修剪进行前，应对茶树进行全面调查分析，以确定大多数茶园的留养高度标准。对个别衰老的枝条，可以用抽刈的方法，避免因修剪不恰当带来不理想的效果。

茶树休眠期是重修剪的最佳时期。但半衰老或未老先衰的茶树，为收获一定的产量，可在春茶采后重修剪，剪后当年发出的新梢不采摘，在翌年春茶萌动前，于重修剪剪口上提高 7～10cm 修剪，重剪后翌年起可适当留叶采摘，并在每年初春在上次剪口上提高 7～10cm 修剪。树高超过 70cm 后，可每年提高 5cm 左右进行轻修剪。

没有经过定型修剪、树冠参差不齐、树势尚未十分衰老的旧式茶园，也可以按照上述方法进行重修剪，然后轻修培养树冠。

（二）台刈

台刈就是把树头全部割去，是彻底改造树冠的方法。台刈的茶树应当是树势衰老，无法采用重修剪方法恢复树势，即使加强培肥管理产量仍然不高，茶树内部都是粗老枝干，枯枝率高，起骨架作用的茎秆上地衣苔藓多，芽叶稀少，枝干灰褐色，不台刈不能改变树势的茶树。

由于台刈后新抽生的枝梢都是从根茎部萌发而成，生理年龄小，因而比前几种修剪获得的枝梢更具有生命力。恰当地台刈，并加强培肥管理，可以使茶树迅速恢复生产，达到增强产量品质的目的。但台刈后会影响初期一二年的产量，所以树势不是十分衰老的茶树不宜采用。

台刈高度是关系着今后树势恢复和产量高低。实践证明，台刈留桩过高，会影响树势恢复，生产中通常在离地面5~10cm处剪去全部地上部分枝干。但不同类型的茶树台刈高度掌握有所不同，小乔木型茶树和乔木型的茶树台刈留桩宜适当高些，过低往往不易抽发新枝，甚至会逐渐枯死，可在离地20cm左右处下剪。灌木型茶树，台刈高度可稍低些。

台刈最好采用圆盘式台刈机，可以免树桩的撕裂。也可以用锋利的镰刀自下而上拉割，使切口呈光滑斜面，以利于不定芽的萌发。粗大的枝干可用手锯或台刈剪，千万不能砍破桩头，否则伤口腐烂，难以愈合和抽发新枝。

早春是茶树的休眠末期，根部积累了较多的养分，可以较好地满足新枝萌发的营养需要，因此台刈的时间在早春为好。同时，初春台刈，茶树新枝的全年生长期长，有利于形成健壮的骨干枝。有些茶区考虑到当年茶叶产量和收入，也可在春茶采后的5月间台刈。

气温高、茶树终年生长、没有明显休眠期的部分南方茶区，茶树根部积累的碳水化合物少，较重程度的修剪后不利于恢复。这些茶园可以在树冠上留少数健壮枝条，以这部分留下的枝条

继续进行光合作用，积累养分，供台刈后枝梢抽生时营养的需要，等剪口抽出的新枝生长健壮后，再剪去这部分枝条。在云南省还有一种收效更佳的“环剥”法，具体做法是：在离地20cm处用利刀环剥树皮圆周的2/3，保留1/3，环宽约2cm，使营养物质积聚在切口处，促进环剥处新芽的抽生。1个月后，切口以下不定芽陆续萌发，2~3个月后，新梢长到60~80cm时，将环剥以上部分的老枝条剪去，重新形成以新发枝条为基础的树冠。台刈后发出的新枝，在一年生长结束后，离地40cm左右进行修剪，剪后2~3年内逐年在上次剪口上提高10cm左右修剪，待树高到70cm以上时，每年按轻修剪的高度标准进行修剪。台刈后发出的新枝生长旺盛、芽叶肥壮，但切忌过早、过度采摘。通常情况下，台刈后的一年生枝条不要采摘，翌年采高留低，打顶养篷；第三年开始适当留叶采摘，如此才能养成骨架健壮、分枝适密、采摘面广的高产树型。

第三节　茶树修剪后的树冠维护

茶树修剪的作用是刺激茶树腋芽、潜伏芽的萌发，促进发芽壮、育芽力强，达到提高茶叶产量和质量的目的。在修剪前后，要注意施肥，以利于促使新生枝条的健壮，这是修剪必须具备的物质基础。为最大程度地发挥修剪的作用和效果，还要配合合理采摘、防治病虫害等农业技术措施。

一、茶树修剪后的培肥管理

茶树修剪后伤口的愈合和新梢的抽发，依赖于贮存在树体内的营养物质，尤其是根部养分的贮藏量。衰老茶树更新后能否迅速恢复树势、达到高产，很大一部分决定于根部营养状况，也就是土壤营养状况。所以为使根系不断供应地上部再生生长，必须保充足的肥水供应。同时，在缺肥少管的情况下修剪往往消耗树体大量的养分，加速树势衰败，不能达到更新复壮的目的。

茶树经过定型修剪后，可以按茶树的生长规律，一年多次进行养分的补充，可以是一次基肥二次追肥，也可多次追肥，但应避开夏季连续高温干旱时期。

轻、深修剪的茶树，树冠面还保留较多的部分，可以在行间进行边缘修剪后，开施肥沟，施入一些速效氮肥和体积小的有机肥。时间在修剪前后均可。

茶树经过较重程度的重修剪和台刈措施后，应立即进行土壤的耕作与施肥，改良土壤，并施入较多的有机肥和磷、钾肥，促使茎秆生长健壮。并在修剪后的新梢萌发时，及时追施催芽肥，促使新梢尽快转入旺盛生长。

施肥量的大小应根据土壤养分、茶树树势等情况因地制宜，一般修剪程度越重，所需施肥量越多，即重修剪茶树用肥量少于台刈茶树，深修剪条树少于重修剪茶树。台刈茶园通常每公顷施 22 500kg 左右的有机肥，或 1 500kg 以上的饼肥，并根据土壤情况适当配施氮素每公顷 75~150kg，磷素 100~225kg，钾素 150kg 左右，这些基肥在年末秋冬深耕时施下；生长期间应分次施用追肥，每公顷年用氮量不少于 225kg。修剪程度重，适当增加磷、钾肥比例可以促使茎干生长健壮，氮、磷、钾的配合使用以 3∶2∶2 为好。另外，修剪枝叶还园对改良茶园土壤、增加土壤有机质的作用十分重要。重修剪和台刈茶园的茶行间空旷面积大，茶行间可以间作些豆科作物和高光效牧草，以增加产业链的循环环节。例如，牧草养殖食草动物，食草动物的有机粪肥直接改良土壤，或先通过沼气池的循环，然后进入茶园，取得以无机促有机，以有机改良土壤的效果。

二、茶树冠面叶片的采摘与留养

合理地进行采摘与留养是修剪后的一项重要管理措施。生

产上常有两种不合理的采留方式，一种是不考虑茶树长势和树冠基础的培育，只顾眼前利益，急于求成，不适当的进行早采、强采；另一种是该采的不采，实行“封园养蓬”，导致树体不能扩大，形成不合理的分枝结构，无法实现高产目标。

在树冠养成的一段时期内应坚持多留少采，例如，茶树在春茶后经过台刈、重修剪，只能在秋茶后期进行适度打顶养蓬；翌年春前定型修剪，春末打顶采，可视茶树长势决定最后一季茶的采摘强度，长势强的可执行留1~2片新叶采，长势差的则只可以适度打顶或蓄养。重修剪、台刈后的茶树长势较旺，新展枝叶生长量大，叶大、芽壮、节间长，必须像幼年茶树一样，以养为主，适当在茶季末期打顶，经2~3年的定型修剪、打顶和留叶采摘后，才正式投产。如果只看重眼前利益，不合理地进行早采或强采，就无法达到应有的更新效果。成龄茶树深修剪后初期，光合同化面积小，第一个茶季不能采茶，第二个茶季可实行季末打顶采，一开始多留少采，以尽快恢复树势。留养1~2个茶季后，视树势逐步转入正常采摘。幼年茶树定型修剪后则应以养为主，假如年生长量大，可在茶季结束前适当打顶轻采。

三、修剪茶树的保护

茶树经过不同程度的修剪后，新抽生的芽叶生长势强，生长量大，嫩度好，容易受各种自然灾害的为害。为确保茶树的正常生育，修剪后要尽可能减轻或避免各种灾害性因素对茶树的干扰、损伤或破坏。例如，江北茶区和江南的高山茶区应特别做好寒冻害的防御；江南茶区春季和夏初要注意做好山地茶园的水土保持工作，夏季防高温干旱的伤害，秋季防旱热灾害。

无论全国各大茶区，病虫害的防治都是一项经常性的重要工作。修剪后的茶树，枝叶繁茂，芽梢持嫩性强，为病虫滋生提供了鲜嫩的食料，非常容易发生病虫为害，因此修剪后应积极展开病虫防治，及时处理一些被剪下的病虫为害枝叶。在修剪的同时，应清除茶丛内外枯枝落叶和杂草，除去病害寄主，破坏害虫越冬场所。为避免病虫害蔓延感染改造后的茶树，对四周没有进行改造的茶树也应加强防治措施。原来病害较重的茶园，此时，可用石硫合剂在茶丛根茎部周围喷施，以确保复壮树冠枝壮叶茂。老茶树通常有寄生有病虫和低等植物，一些枝干上的病虫害不易防除，所以应在修剪更新时剪去被害严重的枝条。

第五章　茶树病虫草害识别与防治技术

第一节　常见茶树病害防治

一、茶树叶部病害

（一）茶饼病

茶饼病又名疱状叶病、叶肿病、白雾病，是嫩芽和叶上重要病害，对茶叶品质影响很大，分布在全国各茶区。

1. 主要症状

茶饼病主要为害嫩叶、嫩茎和新梢，花蕾、叶柄及果实上也可发生。嫩叶染病初现淡黄至红棕色半透明小斑点，后扩展成直径0.3～1.25cm圆形斑，病斑正面凹陷，浅黄褐色至暗红色，背面凸起，呈馒头状疱斑，其上具灰白色或粉红色或灰色粉末状物，后期粉末消失，凸起部分萎缩形成褐色枯斑，四周边缘具一灰白色圈，似饼状，故称茶饼病。发病重时一叶上有几个或几十个明显的病斑，后干枯或形成溃疡。叶片中脉染病病叶多扭曲或畸形，茶叶歪曲、对折或呈不规则卷拢。叶柄、嫩茎染病肿胀并扭曲，严重的病部以上的新梢枯死或折断。

2. 发生特点

一般发生期在春、秋季。这一时期茶园日照少，结露持续时间长，雾多，湿度大易发病。而偏施、过施氮肥，采摘、修剪过度，管理粗放，杂草多发会引起病重。品种间有抗病性差异。病害通过调运苗木作远距离传播。

3. 防治方法

（1）进行检疫。从病区调进的苗木必须进行严格检疫，发现病苗马上处理，防止该病传播扩散。

（2）提倡施用酵素菌沤制的堆肥或生物有机肥，采用配方施肥技术，增施磷钾肥，增强树势。

（3）加强茶园管理，及时去掉遮阴树，及时分批采茶，适时修剪和台刈，使新梢抽出期避开发病盛期，减少染病机会，另外及时除草也可减轻发病。

（4）低洼的茶园要及时进行清沟排水。

（5）加强预测预报，及时施药防病。此病流行期间，若连续 5 天中有 3 天上午日均日照时数小于 3h，或 5 天日降水量 5mm 以上时，应马上喷洒 20%三唑酮乳油 1 500 倍液，或 70%甲基托布津可湿性粉剂 1 000 倍液。三唑酮有效期长，发病期用药 1 次即可，其他杀菌剂隔 7~10 天 1 次，连续防治 2~3 次。非采茶期和非采摘茶园可喷洒 12%绿乳铜乳油 600 倍液或 0. 3%的 96%硫酸铜液或 0. 6%~0. 7%石灰半量式波尔多液等药剂进行预防。

（二）茶白星病

1. 主要症状

茶白星病主要为害嫩叶、嫩芽、嫩茎及叶柄，以嫩叶为主。嫩叶染病初生针尖大小褐色小点，后逐渐扩展成直径 1~2mm 大小的灰白色圆形斑，中间凹陷，边缘具暗褐色至紫褐色隆起线。湿度大时，病部散生黑色小点，病叶上病斑数达几十个至数百个，有的相互融合成不规则形大斑，叶片变形或卷曲。叶脉染病叶片扭曲或畸形。嫩茎染病病斑暗褐色，后成灰白色，病部亦生黑色小粒点，病梢节间长度明显短缩，百芽重减少，对夹叶增多。严重的蔓延至全梢，形成梢枯。

2. 发生特点

该病属低温高湿型病害，气温16～24℃，相对湿度高于80%易发病。气温高于25℃则不利其发病。每年主要在春、秋两季发病，5月是发病高峰期。高山茶园或缺肥贫瘠茶园、偏施过施氮肥易发病，采摘过度、茶树衰弱的发病重。

3. 防治方法

（1）分批采茶、及时采茶可减少该病侵染，减轻发病。

（2）提倡施用酵素菌沤制的堆肥，增施复混肥，增强树势，提高抗病力。

（3）于3月底至4月上旬春茶初展期开始喷洒75%百菌清可湿性粉剂750倍液或36%甲基硫菌灵悬浮剂600倍液、50%苯菌灵可湿性粉剂1 500倍液、70%代森锰锌可湿性粉剂500倍液、25%多菌灵可湿性粉剂500倍液。

（三）茶芽枯病

1. 主要症状

茶芽枯病为害嫩叶和幼芽。先在叶尖或叶缘产生病斑，褐色或黄褐色，以后扩大成不规则形，无明显边缘，后期病斑上散生黑色细小粒点，病叶易破裂并扭曲。幼芽受害后呈黑褐色枯焦状，病芽生长受阻。

2. 发生特点

本病是一种低温病害，主要在春茶期发生。4月中旬至5月上旬，平均气温在15~20℃，发病最盛。6月以后，气温上升至29℃以上时，病害停止发展。春茶由于遭受寒流侵袭，茶树抗病力降低，易于发病。品种间有抗病性差异，一般发芽偏早的品种，如碧云种飞福丁种等发病较重；而发芽迟的品种，如福建水仙、政和等品种发病较轻。

3. 防治方法

（1）及时分批采摘，以减少侵染来源，可以减轻发病。做好茶园覆盖等防冻工作，以增强茶树抗病力，减少发病。

（2）在秋茶结束后飞春茶萌芽期，各喷药 1 次进行保护。发病初期，根据病情再行防治 1~2 次。可选用 70%甲基托布津每亩 75~100g（合 1 500 倍液）；50%托布津每亩 100~125g（合 1000 倍液）或 50%多菌灵每亩 100~125g（合 1 000 倍液），进行防治。

（四）茶云纹叶枯病

茶云纹叶枯病，又称叶枯病，是茶叶部常见病害之一，分布在全国各茶区。

1. 主要症状

茶云纹叶枯病主要为害成叶和老叶、新梢、枝条及果实。叶片染病多在成叶、老叶或嫩叶的叶尖或其他部位产生圆形至不规则形水浸状病斑，初呈黄绿色或黄褐色，后期渐变为褐色，病部生有波状褐色、灰色相间的云纹，最后从中心部向外变成灰色，其上生有扁平圆形黑色小粒点，沿轮纹排列成圆形至椭圆形。具不大明显的轮纹状病斑，边缘生褐色晕圈，病健部分界明显。嫩叶上的病斑初为圆形褐色，后变黑褐色枯死。枝条染病产生灰褐色斑块，椭圆形略凹陷，生有灰黑色小粒点，常造成枝梢干枯。果实染病病斑黄褐色或灰色，圆形，上生灰黑色小粒点，病部有时裂开。茶树衰弱时多产生小型病斑，不整形，灰白色，正面散生黑色小点。

2. 发生特点

一年四季，除寒冷的冬季以外，其余三季均见发病，其中高温高湿的 8 月下旬至 9 月上旬为发病盛期。一般 7—8 月，旬均温 28℃以上，降水量多于 40mm，平均相对湿度高于 80%易流行成灾。气温 15℃，潜育期 13 天，均温 20~24℃，10~13 天，气温 24℃，5~9 天。生产上土层薄，根系发育不好或幼树根系尚未发育成熟，夏季阳光直射，水分供应不匀，造成日灼斑后

常引发该病。此外，茶园遭受冻害或采摘过度、虫害严重易发病。台刈、密度过大及扦插茶园发病重。品种间抗病性有差异，大叶型品种一般表现感病。

3. 防治方法

（1）建茶园时选择适宜的地形、地势和土壤；因地制宜选用抗病品种。

（2）秋茶采完后及时清除地面落叶并进行冬耕，把病叶埋入土中，减少翌年菌源。

（3）施用酵素菌沤制的堆肥、生物活性有机肥或茶树专用肥提高茶树抗病力。

（4）加强茶园管理，做好防冻、抗旱和治虫工作，及时清除园中杂草；增施磷钾肥，促进茶树生长健壮，可减轻病害发生。

（5）在5月下旬至6月上旬，当气温骤然上升，叶片出现旱斑时，可喷第一次药以进行保护。7—8月高温季节，当旬均温高于28℃，降水量大于40mm，相对湿度大于80%时，将出现病害流行，应即组织喷药保护。可选用50%多菌灵可湿性粉剂1 000倍液，或75%百菌清可湿性粉剂800~1 000倍液，或70%甲基托布津可湿性粉剂1 500倍液，或80%代森锌可湿性粉剂800倍液。安全间隔期相应为15天、6天、10天和14天。非采摘茶园也可喷洒0.7%石灰半量式波尔多液。

（五）茶炭疽病

1. 主要症状

茶炭疽病主要为害成叶，也可为害嫩叶和老叶。病斑多从叶缘或叶尖产生，水渍状，暗绿色圆形，后渐扩大成不规则形大型病斑，色泽黄褐色或淡褐色，最后变灰白色，上面散生小形黑色粒点。病斑上无轮纹，边缘有黄褐色隆起线，与健全部分界明显。

2. 发生特点

本病一般在多雨的年份和季节中发生严重。全年以初夏梅雨季和秋雨季发生最盛。扦插苗圃飞幼龄茶园或台刈茶园，由于叶片生长柔嫩，水分含量高，发病也多。单施氮肥的比施用氮钾混合肥的发病重。品种间有明显的抗病性差异，一般叶片结构薄软、茶多酚含量低的品种容易感病。

3. 防治方法

（1）加强茶园管理做好积水茶园的开沟排水，秋、冬季清除落叶。

（2）增强抗病力选用抗病品种，适当增施磷、钾肥。

（3）药剂防治。在5月下旬至6月上旬及8月下旬至9月上旬秋雨开始前为防治适期。在新梢1芽1叶期喷药防治，可选用50%苯菌灵1 500~2 000倍液，70%甲基托布津1 000~1 500倍液，有保护和治疗效果。75%百菌清1 000倍液也有良好的防治效果。上述农药喷药后安全间隔期为7~14天。非采摘期还可喷施0.7%石灰半量式波尔多液进行保护。

（六）茶轮斑病

茶轮斑病又称茶梢枯死病，分布在全国各产茶区。

1. 主要症状

茶轮斑病主要为害叶片和新梢。叶片染病嫩叶、成叶、老叶均可发病，先在叶尖或叶缘上生出黄绿色小病斑，后扩展为圆形至椭圆形或不规则形褐色大病斑，成叶和老叶上的病斑具明显的同心轮纹，后期病斑中间变成灰白色，湿度大出现呈轮纹状排列的黑色小粒点，即病原菌的子实体。嫩叶染病时从叶尖向叶缘渐变黑褐色，病斑不整齐，焦枯状，病斑正面散生煤污状小点，病斑上没有轮纹，病斑多时常相互融合致叶片大部分布满褐色枯斑。嫩梢染病尖端先发病，后变黑枯死，继续向下扩展引致枝枯，发生严重时，叶片大量脱落或扦插苗成片

死亡。

2. 发生特点

病菌以菌丝体或分生孢子盘在病叶或病梢上越冬，翌春条件适宜时产生分生孢子，从茶树嫩叶或成叶伤口处入侵，经7~14天潜育引起发病，产生新病斑，湿度大时形成子实体，释放出成熟的分生孢子，借雨水飞溅传播，进行多次再侵染。该病属高温高湿型病害，气温25~28℃，相对湿度85%~87%，利于发病。夏、秋两季发生重。生产上捋采、机械采茶、修剪、夏季扦插苗及茶树害虫多的茶园易发病。茶园排水不良，栽植过密的扦插苗圃发病重。品种间抗病性差异明显。凤凰水仙、湘波绿、云南大叶种易发病。

3. 防治方法

（1）选用龙井长叶、藤茶、茵香茶、毛蟹等较抗病或耐病品种。

（2）加强茶园管理，防止捋采或强采，以减少伤口。机采、修剪、发现害虫后及时喷洒杀菌剂和杀虫剂预防病菌入侵。雨后及时排水，防止湿气滞留，可减轻发病。

（3）进入发病期，采茶后或发病初期及时喷洒50%苯菌灵可湿性粉剂1 500倍液，或50%多霉灵（万霉灵2#）可湿性粉剂1 000倍液，或25%多菌灵可湿性粉剂500倍液，或80%敌菌丹可湿性粉剂1 500倍液，或75%百菌清可湿性粉剂600倍液，或36%甲基硫菌灵悬浮剂700倍液，隔7~14天防治1次，连续防治2~3次。

（七）茶煤病

茶煤病又称乌油、烟煤病，分布在全国各茶区。

1. 主要症状

茶煤病主要为害叶片，枝叶表面初生黑色、近圆形至不规则形小斑，后扩展至全叶，致叶面上覆盖一层煤烟状黑霉，茶煤烟病有近十种，其颜色、厚薄、紧密度略有不同，其中，浓色茶煤病的霉层厚，较疏松，后期长出黑色短刺毛状物，病叶背面有时可见黑刺粉虱、蚧壳虫、蚜虫等。头茶期和四茶期发生重，严重时茶园污黑一片，仅剩顶端茶芽保持绿色，芽叶生长受抑，光合作用受阻，影响茶叶产量和质量。

2. 发生特点

病菌多以菌丝体和分生孢子器或子囊壳在病部越冬。翌春，在霉层上生出孢子，借风雨传播，孢子落在粉虱、蚧类或蚜虫分泌物上后，吸取营养进行生长繁殖，且可通过这些害虫的活动进行传播，以上害虫常是该病发生的重要先决条件，管理粗放的茶园或荫蔽潮湿、雨后湿气滞留及害虫严重的茶园易发病。

3. 防治方法

（1）从加强茶园管理入手，及时、适量修剪、创造良好的通风透光条件；雨后及时排水，严防湿气滞留；千方百计增强树势，预防该病发生。

（2）及时防治茶园害虫，注意控制粉虱、蚧壳虫、蚜虫等虫害，是防治该病积极有效措施之一。

二、茶树茎部病害

（一）茶红锈藻病

1. 主要症状

茶红锈藻病主要为害一年生至三年生枝条及老叶和茶果。枝条染病初生灰黑色或紫黑色圆形或椭圆形病斑，后扩展为不规则形大斑块，严重的布满整枝，夏季病斑上产生铁锈色毛毡状物，病部产生裂缝及对夹叶，造成枝梢干枯，病枝上常出现杂色叶片。老叶染病初生灰黑色病斑，圆形，略突起，后变为紫黑色，其上也生铁锈色毛毡状物，即病菌藻的子实体。后期病斑干枯，变为灰色至暗褐色。茶果染病产生暗绿色至褐色或黑色略凸起小病斑，边缘不整齐。

2. 发生特点

红锈藻菌以营养体在病部组织中越冬。翌年5—6月湿度大时产生游动孢子囊，遇水释放出游动孢子，借风雨传播，落到刚变硬的茎部，由皮层裂缝侵入。于5月下旬至6月上旬及8月下旬至9月上旬出现2个发病高峰。雨量大、降水次数多易发病，茶园土壤肥力不足、保水性差，易旱、易涝，造成树势衰弱或湿气滞留发病重。该菌在南方茶区无明显休眠期。温暖潮湿时形成子实体。形成时期因地区而异。

3. 防治方法

（1）建立茶园时，应选择土壤肥沃、高燥的地块。

（2）提倡施用酵素菌沤制的堆肥或生物有机肥或茶树复混肥。改良土壤结构，提高排水、蓄水能力，增强树势，减轻发病。

（3）雨后及时排水，防止湿气滞留在茶园中。

（4）越冬期病枝率大于30%，病情指数高于25，相对湿度70%以上，开始喷洒90%三乙膦酸铝（乙膦铝）可湿性粉剂400倍液或58%甲霜灵锰锌可湿性粉剂600倍液、64%杀毒矾M可湿性粉剂500倍液，对上述杀菌剂产生抗药性的茶区可改用72%克露可湿性粉剂700倍液或69%安克锰锌可湿性粉剂1 000倍液。

（二）茶树地衣和苔藓病

1. 主要症状

地衣、苔藓分布在全国各茶区。主要发生在阴湿衰老的茶园。地衣是一种叶状体，青灰色，据外观形状可分为叶状地衣、壳状地衣、枝状地衣三种。叶状地衣扁平，形状似叶片，平铺在枝干的表面，有的边缘反卷。壳状地衣为一种形状不同的深褐色假根状体，紧紧贴在茶树枝干皮上，难于剥离。枝状地衣叶状体成束，蓝绿色，树枝状或发状物，直立或下垂。苔藓是一种黄绿色青苔状或毛发状物。

2. 发生特点

地衣、苔藓在早春气温升高至10℃以上时开始生长，产生的孢子经风雨传播蔓延，一般在5—6月温暖潮湿的季节生长最盛，进入高温炎热的夏季，生长很慢，秋季气温下降，苔藓、地衣又复扩展，直至冬季才停滞下来。低产茶园树势衰弱、树皮粗糙易发病。苔藓多发生在阴湿的茶园，地衣则在山地茶园发生较多。生产上管理粗放、杂草丛生、土壤黏重及湿气滞留的茶园发病重。

3. 防治方法

（1）加强茶园管理。及时清除茶园杂草，雨后及时开沟排水，防止湿气滞留，科学疏枝，改善茶园小气候。

（2）施用酵素菌沤制的堆肥或腐熟有机肥，合理采摘，使茶树生长旺盛，提高抗病力。

（3）秋冬停止采茶期，喷洒2%硫酸亚铁溶液或1%草甘膦除草剂，能有效地防治苔藓。

（4）喷洒1∶1∶100倍式波尔多液或12%绿乳铜乳油600倍液。

（5）草木灰浸出液煮沸以后进行浓缩，涂抹在地衣或苔藓病部，防治效果好。

（三）茶膏药病

1. 主要症状

全国各茶区均有发生。灰色膏药病：初生白色棉毛状物，后转为暗灰色，中间暗褐色。稍厚，四周较薄，表面光滑。湿度大时，上面覆盖一层白粉状物。褐色膏药病：在枝条或根茎部形成椭圆形至不规则形厚菌膜，像膏药一样贴附在枝条上，栗褐色，较灰色膏药病稍厚，表面丝绒状，较粗糙，边缘有一

圈窄灰白色带，后期表面龟裂，易脱落。

2. 发生特点

病菌以菌丝体在枝干上越冬，翌年春末夏初，湿度大时形成子实层，产生担孢子，担孢子借气流和蚧壳虫传播蔓延，菌丝迅速生长形成菌膜。土壤黏重或排水不良、隐蔽湿度大的低产茶园易发病，蚧虫为害严重的茶园发病重。

3. 防治方法

（1）发病重的茶园，提倡重剪或台刈，剪掉的枝条集中烧毁。

（2）防治茶树蚧壳虫至关重要。

（四）茶枝梢黑点病

1. 主要症状

茶枝梢黑点病主要为害茶树枝梢，一般发生在当年生半木质化的红色枝梢上，初生灰褐色不规则形斑块，后向上下扩展，长10~20cm，枝梢全部呈灰白色，其上散生圆形至椭圆形黑色略具光泽的小黑点，即病原菌的子囊盘。

2. 发生特点

病菌以菌丝体和子囊盘在病部组织内越冬。翌春条件适宜时产生子囊孢子，借风雨传播，侵染枝梢。3月下旬至4月上旬产生新子囊，5月中旬至6月中旬进入发病盛期。气温20~25℃，相对湿度高于80%利于该病发生和扩展。品种间抗病性有差异，发芽早的茶树品种易感病。

3. 防治方法

（1）选用抗病品种，如台茶12号。

（2）及时剪除病梢，携至茶园外集中烧毁。发病重的要重剪，可有效地减少初侵染源，减轻发病。

（3）采用高畦种植，合理密植；科学肥水管理，提高树势。

（4）发病盛期及时喷洒50%苯菌灵可湿性粉剂1 500倍液或25%多菌灵可湿性粉剂500倍液、70%甲基托布津（甲基硫菌灵）可湿性粉剂900~1 000倍液。防治1~2次。

（五）茶茎溃疡病

1. 主要症状

在枝干表面形成浅红褐色不规则形痣状病斑，病斑逐渐扩大，相互愈合，有时将整个枝干包围，后期病斑成黑色，其上散生或聚生椭圆形至圆形小粒点，即病原菌的子座和子实体。

2. 发生特点

在阴湿的山地茶园发生较多。发生与树势有密切关系。

3. 防治方法

在病害普遍发生的茶园，可以喷波尔多液，防止本病的蔓延。

（六）茶胴枯病

1. 主要症状

茶胴枯病又称枝枯病，是茶树当年生枝干病害。发病初期在茶树中上部半木质化枝干的近基部生浅褐色至褐色长椭圆形病斑，后扩展成环状，稍凹陷，后期病斑上散生黑色小粒点，即病原菌分生孢子器。发病重的，水分输送受阻，地上部叶片蒸发量大，致病部以上的枝叶枯死。

2. 发生特点

病菌以分生孢子器或菌丝体在病部越冬。翌春产生分生孢子借风雨传播，条件适宜时孢子萌发从新梢侵入。该病多在5月盛发，7—8月出现枝叶枯死。茶树衰老或地势低洼茶园易发病，通风透光不良或偏施、过施氮肥发病重。

3. 防治方法

（1）加强茶园管理。及时中耕锄草，雨后及时排水，防止

湿气滞留，对衰老的茶树要进行修剪或台刈。采用茶树配方施肥技术，合理配施氮磷钾，使茶树生长健壮。

（2）发病初期春茶采摘前及时喷洒25%苯菌灵乳油800倍液或36%甲基硫菌灵悬浮剂600倍液、50%多菌灵可湿性粉剂800~1 000倍液；冬季可喷洒0.6%~0.7%石灰半量式波尔多液或30%绿得保悬浮剂500倍液、12%绿乳铜乳油600倍液、47%加瑞农可湿性粉剂700~800倍液。

三、茶树根部病害

（一）茶苗白绢病

1. 主要症状

茶苗白绢病是一种常见的苗圃根部病害。分布范围广，为害严重。除茶外，还能为害瓜类、茄科、麻类、烟草、花生等200多种植物。发生在根茎部，病部初呈褐色斑，表面生白色棉毛状物，扩展后绕根茎一圈，形或白色绢丝状菌膜，可向土面扩展。后期在病部形成茶叶籽状菌核，由白色转黄褐色至黑褐色。由于病菌的致病作用，病株皮层腐烂，水分、养分运输受阻，叶片枯萎、脱落，最后全株死亡。

2. 发生特点

主要以菌核在土壤中或附于病组织上越冬，干燥条件下可存活5~6年。翌年春夏之交，温湿度适宜时萌发产生菌丝，沿土隙蔓延或随雨水、灌溉水、农具等进行传播，侵染幼苗根颈部进行为害。高温高湿有利于发病，以6—8月发生最盛。土壤黏重，酸变过大，地势低洼，茶苗长势差，以及前作为感病寄生地，病害发生亦重。

3. 防治方法

选择生荒地或非感病作物的地作苗圃。注意茶园排水，改良土壤，促进苗木健壮，增强抗病力。感病苗圃应及时清除病苗并进行土壤消毒。药剂用50%多菌灵500倍液、0.5%硫酸铜液或70%甲基托布津500倍液。移栽茶苗叶可用20%石灰水浸泡消毒。

（二）茶苗绵腐性根腐病

1. 主要症状

该病主要发生在扦插苗上，当扦插苗形成新根时，幼根呈现茶褐色软腐，病根由圆形变为扁平形，在潮湿条件下上面形成白色棉毛状菌丝体，病根腐烂；病苗地上部分生育不良、叶片黄色至灰褐色，病叶易于脱落，严重时全株枯死。

2. 发生特点

本病在土壤水分过多的情况下发生严重。一般在5—10月均可发生，而以梅雨季节和秋雨季节为发病盛期。春天扦插的茶苗，在发根期正遇秋季高湿期，因此，发病较重。品种间存在着抗病性差异。土壤线虫发生较多的茶树苗圃，根腐病发生较重。

3. 防治方法

（1）选择合适的扦插时期，应使扦插后生根的时期避开高温高湿的季节。

（2）加强苗床管理防止土壤过度潮湿，浇水时每次浇水量不宜过多。

（3）床土处理，选用无病新土作为床土。

（三）茶苗根癌病

1. 主要症状

茶苗根癌病主要为害茶苗，在部分茶区发生严重，造成茶苗枯死。以扦插苗圃中常见，主侧根均可受害。病菌从扦插苗剪口或根部伤口侵入，初期产生淡褐色球形突起，以后逐渐扩大呈瘤状，小的似粟粒，大的像豌豆，多个瘤常相互愈合成不

规则的大瘤。瘤状物褐色，木质化而坚硬，表面粗糙。茶苗受害后须根减少，地上部生长不良或枯死。

2. 发生特点

根癌病菌在土壤或病组织中越冬。翌年环境适宜时，借水流、地下昆虫及农具传播为害。病菌从苗木伤口或切口处侵入，在组织内生长发育，刺激细胞加速分裂，产生癌瘤。

3. 防治方法

要严格苗木检查，防治地下害虫，减少根系伤口。苗木必要时可用20%石灰水浸根10min消毒后再移栽。

（四）茶苗根结线虫病

茶苗根结线虫病分布在全国各茶区，主要为害茶田。

1. 主要症状

茶苗根结线虫病多在1~2年生实生苗和扦插苗的根部发生，典型特点是病原线虫侵入寄主后，引起根部形成肿瘤即虫瘿。根瘤大小不一，大的似黄豆，小的似菜籽，主侧根受害常膨大无须根。须根受害表现病根密集成团，外表粗糙呈黄褐色。根系受害后，皮层组织疏松，后期皮层腐烂脱落，植株死亡。地上部表现植株生长不良，矮小，叶片黄化，旱季常引起大量落叶，最后枯枝死亡。

2. 发生特点

以幼虫在土壤中或卵和雌成虫在根瘤中越冬。翌春气温高于10℃，以卵越冬的在卵壳内孵化出1龄幼虫，蜕皮进入2龄后从卵壳中爬出，借水流或农具等传播到幼嫩的根尖处，用吻针穿刺根表皮细胞，由根表皮侵入根内，同时，分泌刺激物致根部细胞膨大形成根结。这时2龄幼虫蜕皮变成3龄幼虫，再蜕1次皮成为成虫。雌成虫就在虫瘿里为害根部，雄成虫则进入土中。幼虫常随苗木调运进行远距离传播。土温25~30℃，土壤相对湿度40%~70%适合其生长发育，完成1代需25~30

天。生产中沙土常比黏土发病重。3 年以上茶苗转入抗病阶段。

3. 防治方法

（1）选择未感染根结线虫病的前茬地建立茶园，必要时，先种植高感线虫病的大叶绿豆及绿肥，测定土壤中根结线虫数量。

（2）种植茶树之前或在苗圃播种前，于行间种植万寿菊、危地马拉草、猪屎豆等，这几种植物能分泌抑制线虫生长发育的物质，减少田间线虫数量。

（3）认真进行植物检疫，选用无病苗木，发现病苗，马上处理或销毁。

（4）苗圃的土壤于盛夏进行深翻，把土中的线虫翻至土表进行暴晒，可杀灭部分线虫，必要时把地膜或塑料膜铺在地表，使土温升到 45℃以上效果更好。

（5）药剂处理土壤。可选用 98%~100%棉隆微粒剂，每亩用 5~6kg，撒施或沟施，深约 20cm，施药后覆土，间隔 15 天后松土放气，然后种植茶苗。还可选用 10%的克线磷颗粒剂 30~45kg/hm^2，拌干细土 300~375kg，使用时在茶苗行间先开沟，将颗粒剂条施于沟内，干燥时要灌水。

第二节　常见茶树虫害防治

一、食叶性害虫

（一）茶尺蠖

1. 主要症状

以取食茶树嫩叶为主，发生严重时可将成片茶园食尽，严重影响茶树的树势和茶叶的产量。该幼虫取食叶片，幼龄幼虫在嫩叶上咬成“C”形缺口，1 龄幼虫啮食芽叶上表皮和叶肉，

使叶呈褐色点状凹斑；2 龄幼虫能吃成穿孔或自叶缘向内咬食形成缺刻；4 龄后开始暴食，严重时，可使茶树成为秃枝。

2. 发生特点

一年发生 5~6 代，以蛹在茶树根际土壤中越冬，翌年 2 月下旬至 3 月上旬开始羽化。幼虫发生为害期分别为 4 月下旬至 5 月中旬、5 月下旬至 6 月下旬、6 月下旬至 7 月下旬、7 月中旬至 8 月中旬、8 月中旬至 9 月下旬、9 月下旬至 10 月中旬。

幼虫历期以第一代最长，其次是第五、第六代，第二至第四代的历期均较短。各虫态历期为，卵期 6~10 天，幼虫期约 15 天，蛹期 7~13 天（越冬蛹 4 个月以上），成虫 3~7 天。第一代卵在 4 月上旬开始孵化，第二代孵化高峰期在 6 月上中旬，以后约每隔 1 个月发生 1 代。

第一代幼虫为害春茶，第二代幼虫为害夏茶，以后每隔一个月发生 1 代，至 10 月后，以最后 1 代老熟幼虫化蛹越冬。

3. 防治方法

（1）清园灭蛹、培土杀蛹。结合秋冬深耕，培土灭蛹：在茶尺蠖越冬期间，结合秋冬季茶园深耕，将茶丛树冠下和表土耕翻 12~15cm，使蛹受机械损伤致死外，尚能将蛹翻出土面，被其他生物吃掉或冬寒冻死，或深埋土中，成虫不能羽化出土。深耕后，在茶丛根茎四周培土 9~12cm，稍加镇压结实，效果更好。

（2）透杀。利用成虫的趋光性，点频振杀虫灯或黑光灯诱杀成虫。

（3）人工捕杀幼虫。利用幼虫受惊后吐丝下垂的习性，可在傍晚打落并收集后消灭。当蛹的密度大时，也可组织力量挖蛹。

（4）保护利用天敌。茶尺蠖的天敌较多。一方面，应尽量减少茶园用药次数，降低化学农药用量，以保护田间的寄生性和捕食性天敌，充分发挥自然天敌的控制作用；另一方面，喷

施茶尺蠖核型多角体病毒制剂。

（5）生物防治。在1~2龄幼虫期，每亩喷100亿的核多角体病毒制剂，或喷洒杀螟杆菌、青虫菌和苏云金杆菌（每克含孢子数100亿）200~300倍液，对茶尺蠖亦有较好的防治效果。

（6）药剂防治。使用农药防治要严格掌握防治指标，成龄投产茶园的防治指标为每亩幼虫量4 500头，施药适期掌握在2~3龄幼虫期。施药方式以低容量蓬面喷雾为宜。

药剂可选用2.5%溴氰菊酯乳油3 000~6 000倍液、98%巴丹可溶性粉剂1 500倍液、2.5%三氟氯氰菊酯水乳剂3 000倍液、35%赛丹乳油1 000倍液、0.6%清源保水剂1 000倍液、50%辛硫磷乳剂1 500~2 000倍液，或2.5%鱼藤酮乳油300~500倍液，或0.36%苦参碱1 000倍液，或20%除虫脲2 000倍液喷雾或45%杀螟硫磷。

（二）茶毛虫

1. 主要症状

茶毛虫的幼虫咬食叶片，严重时，连同芽叶、嫩梢、树皮、花果嚼食殆尽，仅留秃枝。

2. 发生特点

茶毛虫在各地发生代数不一。浙江、湖南及江西等省1年3代，以卵块在茶丛中下部叶背越冬。翌年3—4月解化。3代幼虫为害盛期分别在4—5月、6—7月、8—10月，以春、秋茶受害为重。幼虫初期喜群集，后期食量增大，分群为害。由于怕光忌高湿，一般是昼伏夜出。幼虫老熟后，停止取食并爬至根际土壤中、枯枝落叶下或暗阴湿润地结茧作蛹。成虫有趋光性。

3. 防治方法

（1）秋冬季清园，摘除卵块和虫群。一方面在当年末代茶毛虫发生严重的茶园中，可在11月至翌年3月间人工摘除越冬卵块；另一方面可利用该虫群集性强的特点在低龄幼虫期，结

合田间操作随时摘除虫群。在化蛹期培土埋蛹。

（2）灯光诱杀。由于茶毛虫成虫有趋光性，在成虫羽化期安装杀虫灯诱蛾，用灯光或性激素诱杀雄成虫，减少产卵量，可减轻田间为害。

（3）保护天敌。天敌种群数量对茶毛虫有良好的控制作用，其中茶毛虫黑卵蜂、乳色绒茧蜂。细菌性软化病及核型多角体病毒是主要的天敌。

（4）生物防治。减少田间使用化学农药的次数，促进田间天敌繁殖，人工释放赤眼蜂，发挥天敌的控制作用。也可使用茶毛虫核型多角体病毒制剂，使用浓度为 1 000 倍液。

（5）化学防治。在百丛卵块 5 个以上时进行，掌握在 3 龄幼虫期前，以侧位低容量喷洒为佳。

选用 90%敌百虫晶体、80%敌敌畏乳油 1 000～1 500 倍液、50%辛硫磷乳油 1 500～2 000 倍液。也可用 2. 5%功夫菊酯乳油、2. 5%溴氰菊酯乳油、10%氯氰菊酯乳油 4 000～6 000 倍稀释液进行喷雾防治。

可采取敌敌畏毒砂（土）的方法，即每亩用 80%敌敌畏 100～150ml，加干湿适宜的砂土 10kg 拌匀，覆盖塑料膜闷 10～15min 后，均匀撒在茶地上，防效能优于喷雾。

在幼虫初孵期，使用 20%灭幼脲胶悬剂每亩 100～150ml 对水喷雾或 5%抑太保乳油每亩 75～120ml，对水 75～150kg 喷雾，药效缓慢，喷药后 7～10 天防治明显，持效期 1 个月或用 45%杀螟磷硫。

（三）茶刺蛾

1. 主要症状

幼虫栖居叶背取食，幼龄幼虫取食下表皮和叶肉，留下枯黄半透膜，中龄以后咬食叶片成缺刻，常从叶尖向叶基锯食，留下平面如刀切的半截叶片。

2. 形态特征

成虫体长 12～16mm，翅展 24～30mm。体和前翅浅灰红褐色，翅面具雾状黑点，有 3 条暗褐色斜线；后翅灰褐色，近三角形，缘毛较长。前翅从前缘至后缘有 3 条不明显的暗褐色波状斜纹。卵椭圆形，扁平，淡黄白色，单产，半透明。幼虫共 6 龄，体长 30~35mm，长椭圆形，前端略大，背面稍隆起，黄绿至灰绿色。体前端背中有一个紫红色向前斜伸的角状突起，体背中部和后部还各有一个紫红色斑纹。体侧沿气门线有一列红点。低龄幼虫无角状突起和红斑，体背前部 3 对刺、中部 1 对刺、后部 2 对刺较长。

3. 发生特点

在湖南、江西等省一年发生 3 代，以老熟幼虫在茶丛根际落叶和表土中结茧越冬。3 代幼虫分别在 5 月下旬至 6 月上旬，7 月中下旬和 9 月中下旬盛发。且常以第二代发生最多，为害较大。成虫日间栖于茶丛内叶背，夜晚活动，有趋光性。卵单产，产于茶丛下部叶背。幼虫孵化后取食叶片背面成半透膜枯斑，以后向上取食叶片成缺刻。幼虫期一般长达 22~26 天。

4. 防治方法

（1）科学肥水管理，铲除茶园杂草，增强树势；茶树在冬季培土时梳出茶丛下 6.5cm 表土层，翻入施肥沟底，对消灭茶刺蛾、扁刺蛾、茶蚕等的越冬蛹有效，此外，用新土把茶丛培高 10cm 压紧，可阻碍越冬蛹羽化出土。

（2）保护与利用天敌。

（3）幼虫盛发期喷洒 80%敌敌畏乳油 1 200 倍液或 50%辛硫磷乳油 1 000 倍液、50%马拉硫磷乳油 1 000 倍液、25%亚胺硫磷乳油 1 000 倍液、25%爱卡士乳油 1 500 倍液、5%来福灵乳油 3 000 倍液。

（四）茶黑毒蛾

1. 主要症状

幼虫嚼食茶树叶片成缺刻或孔洞，严重时，把叶片、嫩梢食光，影响翌年产量、质量。幼虫毒毛触及人体引致红肿痛痒。

2. 发生特点

年生 4 代，安徽省年生 4~5 代。以卵在茶树叶背、细枝或枯草上越冬。翌年 3 月下旬至 4 月上旬孵化。2 代、3 代、4 代幼虫分别发生在 6 月、7 月中旬至 8 月中旬、8 月下旬至 9 月下旬。成虫趋光性强，白昼静伏，夜间活动，羽化后当天即行交配，把卵成块或散产在茶丛中或下部叶背处。每雌产卵 100~200 粒，卵期 7~10 天。幼虫共 5 龄，初孵幼虫群集老叶背面取食叶肉，2 龄后分散，喜在黄昏或清晨为害。幼虫期 20~27 天。老熟后爬至茶丛基部枝杈间、落叶下或土缝里结茧化蛹。蛹期 10~14 天，成虫寿命 5~12 天。该虫喜温暖潮湿气候，高温干旱年份发生少。

3. 防治方法

（1）清园灭卵。结合茶园培育管理，清除杂草，制作堆肥或深埋入土。特别是冬季，清除茶树根际的枯枝落叶及杂草，深埋入土，可消灭大量的越冬卵。

（2）保护天敌。茶黑毒蛾的天敌种类如下。

①在卵期有赤眼蜂、黑卵蜂、啮小蜂，寄生率以越冬卵最高，可达 40%以上。

②幼虫期和蛹期有日本追寄蝇、绒茧蜂和瘦姬蜂。

③此外，还有茶黑毒蛾核型多角体病毒、捕食性天敌等，均对种群数量有一定的抑制作用。

（3）灯光诱杀。利用成虫趋光性的特点，在发蛾期点灯诱杀，以减少次代虫口的发生数量。

（4）加强茶园管理。茶树高大的，可结合茶树改造，进行重修剪或台刈，以减少茶黑毒蛾的产卵场所。

（五）茶卷叶蛾

1. 主要症状

幼虫在芽梢上卷缀嫩叶藏在其中，嚼食叶肉，留下一层表皮，形成透明枯斑，后随虫龄增大，食叶量大增，卷叶苞可多达10个叶，常食成叶、老叶。

2. 发生特点

群众俗称“包叶虫”“卷心虫”，幼虫在卷叶苞内越冬。幼虫幼时趋嫩且活泼，受惊即弹跳落地，老熟后常留在苞内化蛹。成虫白天潜伏在茶丛中，夜间活跃，有趋光性，常把卵块产在叶面，呈鱼鳞状排列，上覆胶质薄膜。芽叶稠密的茶园发生较多。5—6月雨湿利其发生。秋季干旱发生轻。

该虫年发生6代，以老熟幼虫在虫苞中越冬。各代幼虫始见期常在3月下旬、5月下旬、7月下旬、8月上旬、9月上旬、11月上旬，世代重叠发生，幼虫共六龄。成虫有趋光性，卵呈块多产在叶面。

3. 防治方法

（1）冬季剪除虫枝，随手摘除卵块、虫苞，清除枯枝落叶和杂草，集中处理，减少虫源。

（2）注意保护寄生蜂。

（3）灯光诱杀成虫。

（4）谢花期喷洒青虫菌，每克含100亿孢子1 000倍液，如能混入0.3%茶枯或0.2%中性洗衣粉可提高防效。

此外可喷白僵菌300倍液或90%晶体敌百虫800~900倍液、50%敌敌畏乳油900~1 000倍液、50%杀螟松乳油800倍液、2.5%功夫乳油2 000~3 000倍液。

掌握1~2龄幼虫期喷药防治。可选用80%敌敌畏1 000倍液或2.5%天王星或25%喹硫磷800倍液。

（六）茶细蛾

1. 主要症状

幼虫在茶树嫩叶里潜食或卷成三角苞匿居取食，影响茶叶产量。三角苞混入率高于3%，会影响茶叶质量。

2. 发生特点

以蛹茧在茶树中下部成叶或老叶面凹陷处越冬。翌春4月成虫羽化产卵。成虫晚上活动、交尾，有趋光性。1~2龄为潜叶期，3~4龄前期为卷边期，4龄后期、5龄初期进入卷苞期，把叶尖向叶背卷结为三角虫苞。该虫卵期3~5天，幼虫期9~40天，非越冬蛹7~16天，成虫寿命4~6天。

3. 防治方法

（1）分批及时采茶，注意采去有虫叶，减少该虫产卵场所及食料。

（2）加强茶园管理，发现虫苞及时摘除，集中烧毁或深埋。

（3）在潜叶期及时喷洒50%辛硫磷乳油1 200倍液或80%敌敌畏乳油1 000倍液、90%巴丹可湿性粉剂1 500倍液、20%氰戊菊酯乳油4 000~5 000倍液。

（七）茶丽纹象甲

1. 主要症状

主要为害夏茶。幼虫在土中食须根，主要以成虫咬食叶片，成虫活动能力强，爬行迅速，具假死性，主要咬食叶片成缺刻。严重时全园残叶秃脉，对茶叶产量和品质影响很大。

2. 发生特点

一年发生1代，以幼虫在茶丛树冠下土中越冬，翌年3月下旬陆续化蛹，4月上旬开始陆续羽化、出土，5—6月为成虫为害盛期。成虫有假死性，遇惊动即缩足落地。

3. 防治方法

（1）茶园耕锄。在7—8月或秋末结合施基肥进行清园及行间深翻，可杀除幼虫和蛹。

（2）人工捕杀。利用成虫假死性，利用成虫高峰期在地面铺塑料薄膜，然后用力振落集中消灭，以减少发生量和减轻为害程度。

（3）生物防治。于成虫出土前撒施白僵菌871菌粉，亩用菌粉1~2kg拌细土施土上面。

（4）化学防治。在亩虫量达10 000头时进行，防治适期一般在5月底至6月上旬，即出土盛末期，以低容量喷雾为佳。可选用1 000倍液35%赛丹、98杀螟丹喷杀成虫或用Bt粉400倍液施于土中，使之感病致死。选用2.5%天王星800倍液（亩用60ml）或98%巴丹800倍（亩用50~60g）（生产出口茶的茶园建议不用该药）。

二、吸汁性害虫

（一）假眼小绿叶蝉

1. 主要症状

以成虫和若虫以针状口器刺入茶树嫩梢及叶脉，吸取汁液，造成芽叶失水萎缩，枯焦，严重影响茶叶产量和品质。茶树受害后，其发展过程分为失水期、红脉期、焦边期、枯焦期。

2. 发生特点

假眼小绿叶蝉以成虫越冬，卵散产于茶树嫩茎皮层与木质部之间，平均每雌产卵8~10粒。若虫大多栖息在嫩叶背及嫩茎上，以嫩叶背居多。1~2龄若虫活动范围不大，3龄后善爬、善跳、畏光、横行习性增强。一年发生9~13代，世代重叠。为害高峰期分别为6—7月和9—10月。

3. 防治方法

（1）加强茶园管理，及时清除杂草，及时分批采摘，或轻剪去除卵抑制其发展。

（2）保护天敌。

（3）发生严重茶园，抓紧以11月至翌年3月喷洒50%的辛硫磷或马拉硫磷1 000倍，以消灭越冬虫源。

（4）化学防治。掌握在峰前，百叶虫量超过8头且田间若虫占总虫量80%以上时为适期。以低容量蓬面喷洒为佳。

①2.5%联苯菊酯（天王星）1 000~6 000倍液，每亩用量12.5~25ml，安全间隔期6天。

②10%吡虫啉（大功臣）4 000~5 000倍液，每亩用量15~20g，安全间隔期7~10天。

③5%茶鹰1 000~1 200倍液，每亩用量50~75ml，安全间隔期7~10天。

（二）黑刺粉虱

1. 主要症状

以幼虫刺吸茶树成叶和老叶汁液为害，其排泄物还诱致煤污病，严重时茶芽停止萌发、树势衰退、大量落叶，树冠一片黑色。

2. 形态特征

成虫体长1~1.3mm，雄虫略小，体橙黄色，体表覆有粉状蜡质物，复眼红色，前翅紫褐色，周围有7个白斑，后翅浅紫色，无斑纹。卵长约0.25mm，香蕉形，顶端稍尖，基部有一短柄与叶背相连，初产时乳白色，渐变深黄色，孵化前呈紫褐色。初孵幼虫长约0.25mm，长椭圆形，具足，体乳黄色，后渐变黑色，周缘出现白色细蜡圈，背面出现2条白色蜡线，后期背侧面生出刺突。1龄幼虫背侧面具6对刺，2龄10对，3龄14对。幼虫老熟时体长约0.7mm。蛹近椭圆形，初期乳黄色，透明，后渐变黑色。蛹壳黑色有光泽，长约 1mm，周缘白色蜡圈明显，壳边呈锯齿状，背面显著隆起，上常附有幼虱蜕皮壳。蛹壳背面有 19 对刺，两侧边缘雌蛹壳有 11 对刺，雄蛹壳 10 对。

3. 发生特点

一年发生 4 代，以老熟幼虫在茶树叶背越冬，翌年 3 月化蛹，4 月上中旬成虫羽化，第 1 代幼虫在 4 月下旬开始发生。第 1~4 代幼虫的发生盛期分别在 5 月下旬、7 月中旬、8 月下旬和 9 月下旬至 10 月上旬。黑刺粉虱喜郁蔽的生态环境，在茶丛中下部叶片较多的壮龄茶园及台刈后若干年的茶园中易于大发生，在茶丛中的虫口分布以下部居多，上部较少。成虫羽化时，蛹壳仍留在叶背。成虫飞翔力弱，白天活动，晴天较活跃。卵多产于成叶与老叶背面，每雌产卵量约 20 粒。初孵幼虫能爬行，但很快就在卵壳附近固定为害。幼虫经 3 龄老熟后，在原处化蛹。

4. 防治方法

（1）结合茶园管理进行修剪、疏枝、中耕除草，使茶园通风透光，可减少其发生量。

（2）黑刺粉虱的防治指标为平均每张叶片有虫 2 头，即应防治。当 1 龄幼虫占 80%、2 龄幼虫占 20%时即为防治适期。可选用 50% 马拉硫磷乳油 800~1 000 倍液，或 50% 辛硫磷乳油 1 000 倍液，或 25% 扑虱灵乳油 1 000 倍液，或 2.5% 天王星乳油 1 500~2 000 倍液。安全间隔期相应为 10 天、10 天、5 天、14 天和 6 天。黑刺粉虱多在茶树叶背，喷药时要注意喷施均匀。发生严重的茶园在成虫盛发期也可进行防治。

（3）黑刺粉虱的天敌种类很多，包括寄生蜂、捕食性瓢虫、寄生性真菌，应注意保护和利用。

（三）茶蚜

1. 主要症状

若虫和成虫刺吸嫩梢汁液为害。使芽梢生长停滞、芽叶卷缩。此外由于蚜虫分泌“蜜露”，诱致霉病发生。

2. 形态特征

分有翅蚜和无翅蚜 2 种。有翅蚜长约 2mm，翅透明，前翅长 2.5~3mm，中脉有一分支，体黑褐色并有光泽。触角第 3~5 节依次渐短，第 3 节有 5~6 个感觉圈排成一列。腹部背侧有 4 对黑斑，腹管短于触角第 4 节，尾片短于腹管，中部较细，端部较圆，具有 12 根细毛。无翅胎生雌蚜卵圆形，暗褐至黑褐色，体长约 2mm。卵长摘圆形，长径 0.5~0.7mm，短径 0.2~0.3mm，初产时浅黄色，后转棕色至黑色，有光泽。若虫外形和成虫相似，浅黄至浅棕色，体长 0.2~0.5mm。1 龄若虫触角 4 节，2 龄 5 节，3 龄 6 节。

3. 发生特点

当虫口密度大或环境条件不利时产生有翅蚜，飞迁到其他嫩梢繁殖新蚜群。茶蚜趋嫩性强，因此，在芽梢生长幼嫩的新茶园、台刈后复壮的茶园、修剪留养茶园和苗圃中发生较多。茶蚜的发生和气候条件关系密切。晴暖少雨天气适于茶蚜发生，夏季干旱高温、暴风大雨条件不利于茶蚜发生。一年发生 20 余代，偏北方茶区以卵在茶树叶背越冬。在翌年 2 月下旬开始孵化，3 月上旬盛孵，全年以 4—5 月和 10—11 月发生较多，4 月下旬至 5 月中旬为全年发生盛期。茶蚜有两种繁殖方式，即胎生（孤雌生殖）和卵生（有性生殖）。一般以胎生为主。每头无翅胎生雌蚜可产幼蚜 20~45 头，1 头有翅胎生雌蚜可产幼蚜 18~30 头。秋末出现有性蚜，交尾后产卵于茶树叶背，常十余粒至数十粒产在一处，排列不整齐，较疏散，每雌产卵量 4~10 粒，一般多为无翅蚜。

4. 防治方法

（1）在虫梢数量少、虫口密度大的茶园中人工采除虫梢。分批多次采摘，可破坏茶蚜适宜的食料和环境，抑制其发生。

（2）茶蚜的天敌有瓢虫、草蛉、食蚜蝇等多种，要注意保护，减少化学农药的施用次数，达到自然控制的效果。

（3）当有蚜芽梢率达10%，有蚜芽梢芽下第2叶平均虫口达20头以上时，可喷施50%马拉硫磷乳油1 000倍液，2.5%溴氰菊酯乳油、2.5%天王星乳油4 000~6 000倍液。安全间隔期相应为10天、10天、3天和6天。零星发生时可组织挑治。

（四）茶橙瘿螨

1. 主要症状

成螨和若螨刺吸茶树嫩叶和成叶汁液，被害叶失去光泽，呈淡黄绿色，叶正面主脉发红，叶背出现褐色锈斑，芽叶萎缩，芽梢停止生长。

2. 形态特征

成螨体小，长约0.14mm，橙红色，长圆锥形，体前部稍宽，向后渐细呈胡萝卜形，足2对，体后部有许多皱褶环纹，背面约有30条。腹末有1对刚毛。卵为球形，直径约0.04mm，白色透明，呈水晶状。幼螨和若螨体色浅，乳白至浅橘红色，足2对，体形与成螨相似，但体后部的环纹不明显。

3. 发生特点

一年发生20余代，以卵，幼蛾、若螨和成螨各种螨态在茶树叶背越冬。世代重叠严重。一般3月、11—12月每月发生1代，4月和10月各2代，5月和9月各3代，6—8月各4代。初冬气温降至10℃以下时，各螨态均能继续活动，一般于翌年3月中下旬气温回升后，成螨开始由叶背转向叶面活动为害。各世代历期随气候而异，当平均气温在17~18℃时，全世代历期平均11~14天，平均气温在22~24℃时为7~10天，平均气温

在时为5~6天。成螨具有陆续孕卵分次产卵的习性，卵散产于叶背，多在侧脉凹陷处，每雌螨平均产卵20余粒。幼螨第一次蜕皮成若螨，第二次蜕皮后成成螨。每次蜕皮前均有一不食不动的静止期。在茶丛中几乎全部分布在茶丛中上部，大多分布在芽下第1~4叶上。全年一般有2个发生高峰，第一个高峰在5月中下旬，第二个高峰期因高温干旱季节的早迟而异，一般在夏季高温旱季后形成，但数量低于第一个高峰。全年以夏、秋茶期为害最重，高温季节和高湿多雨条件不利于发生。

4. 防治方法

（1）秋茶结束后，于11月下旬前抓紧喷施0.5波美度石硫合剂，减少越冬虫口基数。

（2）实行分批多次采摘，可减少虫口数。

（3）在发生高峰前喷施20%哒螨酮或15%灭蛾灵2 000~3 000倍液或25%扑虱灵800~1 000倍液。

（五）茶跗线螨

1. 主要症状

茶跗线螨以成螨和幼、若螨栖息在茶树嫩叶背面刺吸茶树嫩液汁为害，叶片正面的螨量很少。茶树幼嫩芽叶被害后严重失绿，叶背和叶面均呈褐色，叶质硬化、变脆、增厚、萎缩，叶尖扭曲变形，嫩梢僵化，停止生长。

2. 发生特点

茶跗线螨一年发生20~30代，以雌成螨在茶芽鳞片内或叶柄等处越冬。该螨以两性繁殖为主，也能够孤雌繁殖，卵单产或散产于芽尖和嫩叶背面。从卵到成螨完成一个世代只需3~15天。茶跗线螨趋嫩性很强，能随芽梢的生长不断向幼嫩部位转移，分布在芽下第1~3叶的螨数占总量的98%以上。

3. 防治方法

（1）及时分批采摘。

（2）化学防治。2.5%天王星 3 000~6 000 倍液，每亩用量 12.5~25ml，安全间隔期 6 天；73%克螨特 1 500~2 000 倍液，每亩用量 40~50ml，安全间隔期 10 天；非采茶季节用 45%石硫合剂 200~300 倍液，每亩用石硫合剂晶体 250~375g。

（六）茶黄蓟马

1. 主要症状

成虫、若虫锉吸为害茶树新梢嫩叶，受害叶片背面主脉两侧有 2 条至多条纵向内凹的红褐色条纹，严重时，叶背呈现一片褐纹，条纹相应的叶正面稍凸起，失去光泽，后期芽梢出现萎缩，叶片向内纵卷，叶质僵硬变脆。

2. 形态特征

成虫橙黄色，体小，长约 1mm，头部复眼稍突出，有 3 只鲜红色单眼呈三角形排列，触角约为头长的 3 倍。8 节。翅 2 对，透明细长，翅缘密生长毛。卵为肾形，浅黄色。若虫体形与成虫相似，初孵时乳白色，后变浅黄色。

3. 发生特点

一年发生多代。以成虫在茶花中越冬。一般 10~15 天即可完成 1 代。各虫态历期分别为：卵 5~8 天，若虫 4~5 天，蛹 3~5 天，成虫产卵前期 4 天。以 9—11 月发生最多，为害最重，其次是 5—6 月。成虫产卵于叶背叶肉内，若虫孵化后锉吸芽叶汁液，以 2 龄时取食最多。蛹在茶丛下部或近土面枯叶下。成虫活泼，善于爬动和作短距离飞行。阴凉天气或早晚在叶面活动，太阳直射时，栖息于茶树下层荫蔽处，苗圃和幼龄茶园发生较多。

4. 防治方法

（1）分批及时采茶，可在采茶的同时采除一部分卵和若虫，有利于控制害虫的发展。

（2）在发生高峰期前喷施 80%敌敌畏乳油 1 000 倍液、50%

马拉硫磷乳油或50%杀螟硫磷乳油1 500倍液、2.5%天王星乳油4 000倍液。安全间隔期相应为6天、10天、10天和6天。

（七）长白蚧

1. 主要症状

以若虫、雌成虫寄生在茶树枝干上刺吸汁液为害。受害茶树发芽稀少，树势衰弱，未老先衰，严重时大量落叶，甚至枯死。

2. 发生特点

长江流域茶区1年发生3代，以老熟若虫在茶树枝干上越冬。翌年3月下旬羽化，4月中下旬开始产卵。第1代至第3代若虫盛孵期分别在5月中下旬、7月下旬至8月上旬、9月中旬至10月上旬。第1代至第2代若虫孵化比较整齐。

3. 防治方法

（1）苗木检疫。有蚧虫寄生的苗木实行消毒处理。

（2）加强茶园管理，清蔸亮脚，促进茶园通风透光，对发生严重的茶树枝条及时剪除。

（3）保护天敌。清除的有虫枝条宜集中堆放一段时间，让寄生蜂羽化飞回茶园。瓢虫密度大的茶园，可人工帮助移植。瓢虫活动期应尽量避免用药。

（4）药剂防治。掌握若虫盛孵期喷药。可用25%亚胺硫磷、25%喹硫磷、50%马拉硫磷、25%扑虱灵800~1 000倍液。秋末可选用0.5波美度石硫合剂、10~15倍松脂合剂、25倍蒽油或机油乳剂。

（八）角蜡蚧

1. 主要症状

若虫和雌成虫刺吸枝、叶汁液，排泄蜜露常诱致煤污病发生，削弱树势重者枝条枯死。形态特征成虫雌短椭圆形，长6~

9. 5mm，宽约 8. 7mm，高 5. 5mm，蜡壳灰白色，死体黄褐色微红。周缘具角状蜡块：前端 3 块，两侧各 2 块，后端 1 块圆锥形较大如尾，背中部隆起呈半球形。触角 6 节，第 3 节最长。足短粗，体紫红色。雄体长 1. 3mm，赤褐色，前翅发达，短宽微黄，后翅特化为平衡棒。卵椭圆形，长 0. 3mm，紫红色。若虫初龄扁楠圆形，长 0. 5mm，红褐色；2 龄出现蜡壳，雌蜡壳长椭圆形，乳白微红，前端具蜡突，两侧每边 4 块，后端 2 块，背面呈圆锥形稍向前弯曲；雄蜡壳椭圆形，长 2~2. 5mm，背面隆起较低，周围有 13 个蜡突。雄蛹长 1. 3mm，红褐色。

2. 发生特点

1 年生 1 代，以受精雌虫于枝上越冬。翌春继续为害，6 月产卵于体下，卵期约 1 周。若虫期 80~90 天，雌脱 3 次皮羽化为成虫，雄脱 2 次皮为前蛹，进而化蛹，羽化期与雌同，交配后雄虫死亡，雌继续为害至越冬。初孵若虫雌多于枝上固着为害，雄多到叶上主脉两侧群集为害。天敌有瓢虫、草蛉、寄生蜂等。

3. 防治方法

（1）做好苗木、接穗、砧木检疫消毒。

（2）保护引放天敌。

（3）剪除虫枝或刷除虫体。冬季枝条上结冰凌或雾凇时，用木棍敲打树枝，虫体可随冰凌而落。

（4）刚落叶或发芽前喷含油量 10%的柴油乳剂，如混用化学药剂效果更好。

（5）初孵若虫分散转移期药剂防治可选用 50%马拉硫磷乳油、50%辛硫磷乳油 1 000 倍液，25%扑虱灵可湿性粉剂 1 000 倍液，2. 5%天王星乳油 1 500~2 000 倍液。

三、钻蛀性害虫

（一）茶枝镰蛾

1. 主要症状

幼虫蛀食枝条常蛀枝干，初期枝上芽叶停止伸长，后蛀枝中空部位以上枝叶全部枯死。

2. 发生特点

茶枝镰蛾又名蛀梗虫。该虫1年发生1代，以幼虫在蛀枝中越冬。翌年3月下旬开始化蛹，4月下旬化蛹盛期，5月中下旬为成虫盛期。成虫产卵于嫩梢2~3叶节间。幼虫蛀入嫩梢数天后，上方芽叶枯萎，3龄后至入枝干内，终蛀近地处。蛀道较直，每隔一定距离向荫面咬穿近圆形排泄孔，孔内下方积絮状残屑，附近叶或地面散积暗黄色短柱形粪粒。

3. 防治方法

（1）在成虫羽化盛期，灯光诱杀成虫。

（2）秋茶结束后，从最下一个排泄孔下方15cm处，剪除虫枝并杀死枝内幼虫。

（二）咖啡木蠹蛾

1. 主要症状

幼虫蛀食枝干，形成虫道，并能从一枝转移到另一枝为害。被害枝上有排泄孔，下方地面上常堆积颗粒状虫粪。幼虫蛀食致使茶树茎干中空枯死。

2. 发生特点

1年发生1~2代，以幼虫在枝干内越冬，以老熟幼虫越冬的次年发生2代。成虫多在夜间活动，卵产于枝梢上，每处1粒，孵化后蛀入梢内为害，向下蛀成虫道，直达枝干基部，枝干外常有3~5个排泄孔，零乱排列不齐，排泄孔外多粒状虫粪。

幼虫老熟后，先在枝上咬一羽化孔，并吐丝封孔，然后在虫道内作草率化蛹，蛹经20天，蛹体蠕动半露于孔外，羽化后飞出交尾产卵。

3. 防治方法

检查枯萎细枝，自最下一个排泄孔下方剪除茶枝，冬春季从近地面处剪去枯萎虫枝，成虫盛发期，可在虫口密度较大的茶园里晚间灯火诱蛾。

（三）茶天牛

1. 主要症状

幼虫蛀食枝干和根部，致树势衰弱，上部叶片枯黄，芽细瘦稀少，枝干易折断，严重时，整株枯死。

2. 发生特点

2年或2年多发生1代，以幼虫或成虫在寄主枝干或根内越冬。越冬成虫于翌年4月下旬至7月上旬出现，5月底产卵，进入6月上旬幼虫开始孵化，10月下旬越冬，下一年8月下旬至9月底化蛹，9月中旬至10月中旬成虫才羽化，羽化后成虫不出土在蛹室内越冬，到第三年4月下旬才开始外出交尾，把卵产在距地面7~35cm、茎粗2~3.5cm的枝干上。卵散产在茎皮裂缝或枝杈上。初孵幼虫蛀食皮下，1~2天后进入木质部，再向下蛀成隧道，至地下33cm以上。在地际3~5cm处留有细小排泄孔，孔外地面堆有虫粪木屑。老熟幼虫上升至地表3~10cm的隧道里，做成长圆形石灰质茧，蜕皮后化蛹在茧中。该天牛在山地茶园及老龄、树势弱的茶园为害重。根茎外露的老茶树受害重。

3. 防治方法

（1）成虫出土前用生石灰5kg，硫黄粉0.5kg，牛胶250g，对水20L调和成白色涂剂，涂在距地面50cm枝干上或根茎部，可减少天牛产卵。

（2）茶树根际处及时培土，严防根茎部外露和成虫产卵。

（3）于成虫发生期用灯火诱杀成虫或于清晨人工捕捉。

（4）从排泄孔注入敌敌畏等杀虫剂40~50倍液，然后用泥巴封口，可毒杀幼虫。

（5）把百部根切成4~6cm长或半夏的茎叶切碎后，塞进虫孔，也能毒杀幼虫。

四、地下害虫

（一）铜绿丽金龟

1. 主要症状

铜绿丽金龟主要为害茶苗根部，严重时，常把茶树幼苗的主根或侧根咬断，1~2年生幼龄茶苗也常受害，造成新植茶园缺荚断行或成片缺苗。成虫咬食茶树叶片。

2. 防治方法

（1）耕地时人工随犁捡拾蛴螬或放出鸡、鸭啄食。成虫盛发时，利用其假死性，夜晚在集中为害的茶树下，张接塑料薄膜，震落捕杀。

（2）成虫盛发期，利用其趋光性，傍晚进行灯光诱杀或堆火诱集，必要时，安置黑光灯效果更好。此外，在茶园周围种植蓖麻，对成虫也有较好诱杀效果。发现中毒后要及时处置被麻痹的成虫，防其苏醒。酸菜常对铜绿金龟甲、杨树叶对黑绒金龟甲有诱集作用，可加入少量杀虫剂诱杀。

（3）有条件的也可用白僵菌、蛴螬乳状杆菌进行土壤处理，也可收到很好效果。注意保护和利用赤黑脚土蜂、黑斑长腹土蜂、黑土蜂等天敌昆虫，进行生物防治。

（4）成虫发生量大时，可往茶丛上喷洒50%马拉硫磷乳油或75%辛硫磷乳油1 000~1 500倍液，能杀死很多成虫。

虫口密度大的茶园，在幼虫尚未化蛹成虫未羽化出土之前，在茶丛下撒施 2.5%亚胺硫磷粉剂，每丛 100g 左右，将土耙松。防治幼虫也可结合整地撒施毒土，用敌百虫或敌敌畏、辛硫磷，每亩 100~150g，加少量水稀释后拌细土 15~20kg 撒施，还可结合施肥，用碎饼粉掺入杀虫剂制成毒饵，开沟施入根际土中，诱杀蛴螬。

（二）黑翅土白蚁

1. 主要症状

蚁群在地下蛀食茶树根部，并由泥道通至地上部蛀害枝干。地下根茎食成细锥状，有时被蛀食为蜂窝状，致使树势衰弱，甚至枯死，容易折断。

2. 发生特点

生殖蚁每年 3—5 月大量出现，4—6 月雨水透地后，闷热或阵雨开始前的傍晚出土。先由工蚁开隧道突出地表，羽化孔孔口由兵蚁守卫，生殖蚁鱼贯而出。飞行时间不长即落地脱翅，雌雄配对爬至适当地点潜入土中营建新居，成为新的蚁王和蚁后，繁殖新蚁群。

3. 防治方法

（1）清洁茶园。清除茶园枯枝、落叶、残桩，刷除泥被并在被害植株的根茎部位施药。新辟茶园一定要把残蔸木桩清除干净，如原先已有蚁窝要先挖除清理。

（2）诱杀。在严重地段挖诱杀坑，掩埋松枝、枯枝、芦苇等诱集物，保持湿润，并施入适当灭蚁农药，任工蚁带回巢内毒杀蚁后及蚁群。每年 4—6 月是有翅生殖蚁的分群期，利用其趋光性，用黑光灯或其他灯光诱杀。

（3）挖掘巢穴。掌握白蚁在不同地形，地势筑巢的习性，或在白蚁为害区域寻找蚁路，分群孔，挖掘蚁主巢，捕捉蚁王和蚁后。

（4）药剂喷杀。找到白蚁活动场所，如群飞孔，蚁路，泥

线，为害重要的地方，可直接喷洒灭蚁灵，每巢用药量10～30g。

第三节　常见草害防治

杂草的生命力强，能够较好地适应环境，是作物生产体系中自然生长的非目的性植物，对作物和生态具有利弊两方面的作用。杂草的生殖能力、再生能力和抗性都很强，往往具有比作物更强的竞争力。

茶园杂草是在长期适应当地茶树栽培、茶园土壤、气候生态条件下生存的非栽培植物，常与茶树争夺肥、水、阳光等，又是许多病虫害的中间寄主，其泛滥严重为害着茶树的生长。在现代茶叶生产尤其是有机茶生产中，应将杂草作为茶园生态系统中的一个要素进行管理，既要认识到其对茶叶生产的危害性，也要认识到杂草在茶园生态系统中有利的一面。第一，合理管理的杂草一定程度上可以维持土壤肥力，减少土壤侵蚀，提高土壤生物活性；第二，杂草是许多害虫的次生寄主，可以为害虫提供食物，以吸引害虫取食而减轻茶园虫害；第三，杂草或可产生趋避害虫的化合物，或可为害虫天敌提供花粉、花蜜和越冬场所；第四，有些杂草可作为牲畜饲料和有机肥源，有利用价值。因此，在有机茶园管理中，应充分认识杂草既有利又有害的双重性，合理控制，趋利避害，达到促进茶树作物协调平衡发展的目的。

一、主要杂草种类

茶园杂草种类繁多。具体茶园的杂草种类、分布、群落、为害与茶园所处地区、生态条件、耕作制度、管理水平有关。

在浙江，已报道的主要茶园杂草有86种，分属32科，其中禾本科杂草占21.9%，菊科杂草占13.5%，石竹科占6.3%。马

唐、牛筋草、狗牙根、狗尾草、香附子、草草、马齿苋、雀舌、繁缕、卷耳、看麦娘、早熟禾、马兰、漆姑草、一年蓬、艾蒿等是江浙一带为害严重的主要茶园杂草。

在湖南，已报道的主要茶园杂草有39科132种，其中以菊科、禾本科种类最多，占全部种类的24.2%，其次是唇形科、蔷薇科、蓼科、伞形科、石竹科、大戟科，占全部种类的27.3%。菊科的艾蒿、鼠曲、马兰、一年蓬，禾本科的马唐、看麦娘、狗牙根，蓼科的辣蓼、杠板归，玄参科的婆婆纳，酢浆草科的酢浆草，茜草科的猪秧秧等杂草，不但发生频率高（在75%以上），而且具有很大的覆盖度和为害程度。

二、杂草的防治

茶树是多年生作物，茶园田间有害杂草的控制主要采用农业技术措施防治、机械清除、化学防治、生物防治相结合的方法进行。

（一）农业技术措施防治

新垦茶园或改造衰老低产茶园、荒芜茶园复垦时，必须彻底清除园内宿根性杂草及其他恶性杂草的根、茎，如白茅、蕨类、杠板归、狗牙根、艾蒿等，然后及时清除新生幼嫩杂草。在管理措施上，应覆盖黑色薄膜、遮阳网、作物秸秆等覆盖物，保护土壤，控制杂草生长。对幼龄茶园实行间作，减少杂草为害。含杂草种子的有机肥须经无害化处理，充分腐熟，以减少杂草种子传播。此外，加强有机茶园肥培管理和树冠管理，促进茶树生长，快速形成茶树树幅，是防治行间杂草最好的农业技术措施之一。

（二）机械清除

田间中耕除草、大规模机械化除草、结合施肥进行秋耕等措施，均属于机械清除。中耕除草可采用人工或机械化进行，应掌握“除早除小”的原则。一年生杂草在结实前进行；多年

生杂草，应在秋耕时切断其地下根茎，削弱积蓄养分的能力，使其逐年衰竭而死亡，还可进行机械割草覆盖茶园。

（三）化学防治

我国茶园可以推广使用的除草剂品种主要有西马津、阿特拉津、扑草净、敌草隆、灭草隆、异丙隆、除草剂1号、除草醚、毒草胺、百草枯、茅草枯、草甘膦以及地草平、灭草灵、黄草灵、甲基硫酸酯以及氟乐灵等。

夏秋季是茶园杂草为害最严重的时期，其次是春季，冬季南部茶区杂草较少。因此茶园化学除草，第一次最好选择3月底到4月初进行，第二次可在5月间进行，进入7月以后，如果杂草因伏天多雨而再度滋生，可再喷药1次。

（四）生物防治

目前，国内外研究用真菌、细菌、病毒、昆虫及食草动物来防除农田杂草，已取得一定进展。例如，在生产上普遍应用的利用鲁保一号真菌防除大豆菟丝子；寄生在列当上的镰刀菌——F789病菌，经新疆试验推广，防治瓜类列当的效果高达95%~100%。此外，还有寄生性的锈菌、白粉菌可以抑制苣荬菜、田旋花，如蓟属的锈菌可使蓟属杂草停止生长、80%的杂草植株死亡，商品化生产的棕榈疫霉可防除柑橘园中的莫伦藤杂草。美国、加拿大、日本更出售有商品化生产的微生物除草剂。

利用昆虫取食灭草。例如，尖翅小卷蛾是香附子的天敌，幼虫蛀入心叶，使其萎蔫枯死，继而蛀入鳞茎啮断输导组织。另外，该虫还能蛀食碎荆三棱、米莎草等莎草科植物。褐小荧叶甲专食蓼科杂草；叶甲科盾负泥虫专食鸭趾草；象甲科的尖翅简喙象嗜食黄花蒿，侵蛀率达82.7%~100%。

在有机茶园中，放养鹅、兔、鸡、山羊等动物进行取食，也能够取得抑制草害的效果。

(五) 其他措施

茶园杂草的大量滋长，需要具备两个基本条件：首先是在茶园土壤中存在着杂草的繁殖种子或根茎、块茎等营养繁殖器官；其次是茶园具备适合杂草生长的空间、光照、养分和水分等。茶树栽培技术中的除草措施，主要是以减少杂草种子或恶化杂草生长条件为主，可以很大程度的防止或减少杂草的发生。

1. 土壤翻耕

茶树种植前的园地深垦和茶树种植后的行间耕作都属于土壤深耕的内容。它既是茶园土壤管理的内容，也是杂草治理的一项措施。在开辟新茶园或对低产茶园进行换种改植时进行深垦，可以较好地根除茅草、狗牙草、香附子等顽固性杂草，大大减少茶园各种杂草的发生。一年生的杂草可以通过浅耕及时铲除，但对于宿根型多年生杂草及顽固性的蕨根、菝葜等杂草，以深耕效果为好。

2. 行间铺草

茶园行间铺草的目的是减轻雨水、热量对茶园土壤的直接作用，改善土壤内部的水、肥、气、热状况，同时抑制茶园杂草的生长。主要作用有：一是可以稳定土壤热变化，减少地表水分蒸发量，防止或减轻茶树旱热害；二是可以减缓地表径流速度，防止或减轻土壤被冲刷，并促使雨水向土壤深层渗透，增加土壤蓄水量，提高土壤含水率，起到保土、保水、保肥的作用；三是可以增加土壤有机养分，保持土壤疏松，抑制杂草滋生，能够改善茶叶品质，提高茶叶产量。

在茶园行间铺草，可以有效地阻挡光照，被覆盖的杂草会因缺乏光照而黄化枯死，从而使茶树行间杂草发生的数量大大减少。茶园铺草以铺草后不见土为原则，最好把茶行间所有空隙都铺上草，厚度应在8~10cm。一般来说茶园铺草越厚，减少杂草发生的作用也就越大。草料不能带草籽，可选用不带病菌

虫害的稻草、绿肥、麦秆、豆秸、山草、蔗渣等，通常每亩铺草1 000~1 500kg。

3. 间作绿肥

幼龄茶园和经过重修剪、台刈的茶园，茶树行间空间较大，可以适当间作绿肥，不仅可以大量增加土壤有机养分含量，改善土壤结构，而且可以增加茶园行间绿色覆盖度，减少土壤裸露，使杂草生长的空间大为缩小，还可以降低地温，降低地表径流，增加雨水渗透。绿肥的种类可根据茶园类型、生长季节进行选择，落花生、大绿豆等短生匍匐型或半匍匐型绿肥适合一年生至二年生茶园选用，三年生茶园或台刈改造茶园可选用乌豇豆、黑毛豆等生长快的绿肥。一般情况下，种植的绿肥应在生长旺盛期刈青后直接埋青或作为茶园覆盖物。

4. 提高茶园覆盖度

提高茶园覆盖度茶叶增产和提高土地利用率的共同要求，同时对于抑制杂草的生长非常有效。生产实践证明，只要茶园覆盖度达到80%以上，茶树行间地面的光照明显减弱，杂草发生的数量及为害程度大为减少；覆盖度达到90%以上，茶行互相郁闭，行间光照非常弱，各种杂草的生长就更少了。

第四节　茶树病虫草害绿色防控技术

茶树病虫害防治中使用的化学农药，既是茶叶消费者最为关注和担忧的问题，也是茶叶生产影响生态环境的主要因素。因此，实现茶树病虫害防治环节的无害化具有十分突出的意义。茶叶绿色生产技术体系包括茶树病虫害的绿色防控技术，从某种意义上说，甚至可以理解为茶叶绿色生产技术体系是基于绿色防控技术发展而来的，全面环境友好的茶叶生产技术体系。近年来，围绕着“公共植保、绿色植保”的方针，茶叶科研、推广和生产人员结合茶树病虫害的发生特点，引进、吸收和消化先进适用的防治技术，探索建立了以生态调控为基础、理化诱控和生物防治相结合、科学用药为辅助的茶树病虫害绿色防控技术体系，不断提高茶树病虫害防治技术和水平，确保了茶叶的卫生质量安全。

一、生态调控

生态调控是指以茶园生态系统为对象，通过各种茶园管理措施预防和控制茶树病虫害的方法。生态调控是茶园病虫害绿色防控技术的基础，其主要措施包括维护和改善茶园生态环境、选用和搭配不同的茶树品种、加强茶园管理、及时采摘和修剪等。

（一）维护和改善茶园生态环境

茶园及其茶园周围的生态环境，决定着茶园生物的多样性和茶园病虫害的发生程度。优良茶园生态环境有利于保持生物的多样性，增强对有害生物的自然调控能力。众所周知，凡是周围植被丰富、生态环境复杂的茶园，虫害大发生的几率就较小，对于这样的茶园要注意维持和保护生态平衡；而大规模单一栽培的茶园，无疑会使群落结构及物种单纯化，病虫害流行和扩散的几率就大，容易诱发病虫害的猖獗，对于这些茶园，要采取植树造林、种植防风林、行道树、遮阴树，增加茶园周围植被的丰富度；部分茶园还应该退茶还林、调整作物布局，使茶园与周边形成较复杂的生态系统，从而改善茶园的生态环境，增强自然调控能力。

结合绿化、绿肥、遮阴、覆盖等需要科学地搭配乔木、灌木及草本植物，调节害虫和天敌的行为及相互关系。桉树、楝树、香椿等乔木可用作遮阴树木，又有驱虫作用。迷迭香、罗勒、决明子、薄荷、吸毒草等有一定驱虫作用的草本植物可用于低龄茶园内部间作，也可以于春末夏初茶树修剪后在茶园种植，象草、香根草、香蜂草、柠檬草等诱虫植物可以种植于茶

园周边，便于集中处置害虫，收割后可做绿肥或用作饲料，万寿菊、除虫菊、薰衣草等显花植物可以和其他草本植物搭配种植，以招引天敌并为天敌补充食物，提供迁徙、繁殖和越冬的场所和廊道。

（二）选用和搭配不同的茶树良种

不同茶树品种对各种病虫害具有不同程度的抗性，茶树品种的这种特性是茶树在长期进化过程中与病原微生物、害虫种群进行自然适应的结果。选用抗病虫的良种，是茶树病虫防治的一项基础性措施。在换种改植或发展新茶园时，应选用对当地主要病虫抗性较强的良种。同时在大面积种植新茶园时，要选择和搭配不同的无性系茶树良种，避免在一个地区大量种植同一个品种，以防止由于良种抗性的变化或病原菌、害虫的适应性改变而造成茶树病虫害的暴发或流行。

（三）加强茶园管理

茶园管理包括中耕除草、合理施肥和及时排灌等措施。

中耕除草可使茶园土壤通风透气，促进茶树根系生长和土壤微生物的活动，同时还可破坏很多害虫的栖息场所，有利于天敌入土觅食。一般以夏秋季浅翻 1~2 次为宜。通过中耕，可使茶尺蠖的蛹、茶毛虫的蛹、丽纹象甲的幼虫和蛹，暴露于土壤表面或深埋于土壤中。秋末结合施基肥进行茶园深耕，可将在表土和落叶层中越冬的害虫，以及多种病原菌深埋入土，也可将深土层中越冬的害虫翻至土壤表面，因不良气候或遭遇天敌觅食而死亡，减少来年的种群密度。勤除杂草可以减轻茶小绿叶蝉的为害，尤其是进行化学防治前先铲除杂草可以提高防治效果。而在高温干旱季节，保留一定数量的杂草有利于天敌栖息，调节茶园小气候，改善生态环境。

合理施肥可增进茶树营养，提高茶树的抗逆性。在茶树施肥时，要根据茶树所需的养分进行平衡施肥或测土施肥，基肥应以农家肥、沤肥、堆肥、枯饼等有机肥为主，适当补充磷钾肥。氮肥的施用量应根据茶园的产量予以确定，以满足因采叶而损耗的氮素量为标准，不要偏施氮肥。

及时排灌可以保持茶树正常的水分需求。地下水位高和地势低洼、靠近水源的茶园，要注意开沟排水，可以预防多种根部病害（如茶红根腐病、茶紫纹羽病等）的发生，对藻斑病、茶长绵蚧、黑刺粉虱也有一定抑制作用。在高温干旱季节，则需要及时补充茶树水分，增强茶树的长势。

（四）及时采摘和修剪

及时分批多次采摘，既可保证茶叶的质量，又可明显恶化茶对病虫的营养条件，破坏害虫的产卵场所。采摘可明显地减轻蚜虫、小绿叶蝉、茶细蛾、茶跗线螨、茶橙瘿螨等多种病虫的为害。在实际操作时，对有虫芽叶要重采、强采；遇春暖早，要早开园采摘；夏秋季节病虫多发，应尽量减少留叶采摘；秋季如果害虫多，可适当打顶采摘，推迟封园。

修剪是茶树管理的手段，也是控制茶树病虫为害的一种方式。采用轻修剪方式剪除病虫枝条，对钻蛀类害虫和枝干病害有较好的防治作用。郁蔽茶园应进行疏枝，使篷脚通风，可抑制蚧类、粉虱类害虫的发生。病虫为害严重、树势衰弱的茶园，可采用深修剪、重修剪或台刈的方式进行改造。

二、理化诱控

理化诱控是指利用害虫的趋性来防治茶树有害生物的方法。常见的有灯光诱集、色泽诱杀和性信息素诱捕等方法。

（一）灯光诱集

“飞蛾扑火”是昆虫趋光性的一种表现行为，利用这一原理，形成的以诱虫灯为核心的灯光诱集技术已广泛应用于农、林害虫的防治。新型的频振式杀虫灯则是将光、波、色、味等多种诱虫方式组合，进一步发展了灯光诱集技术，成为茶园害虫物理防治重要手段之一。

灯光诱集技术可用于茶树鳞翅目害虫成虫的控制，包括茶尺蠖、茶毛虫、茶刺蛾、茶小卷叶蛾和茶蓑蛾等，同时对同翅目、鞘翅目的假眼小绿叶蝉、金龟子等害虫也有一定的诱杀作用。使用时，每盏灯控制以30~50亩的面积为宜，在茶园中安装呈棋盘状或根据自然地形布局，灯距为120~200m。每盏灯固定在柱上，高度以接虫口离地1.3~1.5m为宜。根据害虫测报情报确定开灯的时间，一般在目标害虫成虫始峰期开灯防治，每天天黑后亮灯，每晚开灯6~8h，或根据害虫活动规律开关灯。

（二）色泽诱杀

色泽诱杀技术是利用害虫对色彩的趋性进行诱集或干扰害虫行为而形成的一种物理防治技术。利用色板粘虫已逐渐被生产上采用并推广应用，色板也常与昆虫信息素（引诱剂、性诱剂）配合使用。此外，利用不同色泽的灯光干扰害虫的活动规律，从而达到控制害虫的目的，也是一种色泽诱杀技术。在日本已尝试在夜间使用黄色灯光干扰茶树害虫的活动规律，可以在一定程度上减少害虫的数量。

目前，茶园色板常以黄绿色为主，用于防治黑刺粉虱、假眼小绿叶蝉、蚜虫和蓟马等害虫。使用时每亩用20~25张，悬挂高度以色板底端接近茶梢顶端为宜。

（三）性信息素诱捕

性信息素诱杀是利用昆虫性信息素来诱杀和干扰昆虫正常行为，从而达到减少害虫为害的一种防治方法。性信息素诱杀可直接利用雌蛾来对雄蛾的性引诱作用，方法是将刚羽化的雌蛾置于田间，并在其下方放置一有少量洗衣粉的水盆，诱集并消灭大批雄蛾，使田间雌蛾得不到交尾，减少下一代虫口的发生数量；也可采用田间悬挂含性引诱剂的诱芯（如茶毛虫性诱剂），诱集并杀灭雄虫。目前性诱剂在国内应用还不多。随着技术的不断发展，性诱剂在茶树害虫防治中将具有更广阔的应用前景。

三、生物防治

生物防治是指用食虫昆虫、寄生性昆虫、病原微生物或生物的代谢产物来控制病虫害的方法。生物防治具有对人畜无毒、对其他有益生物安全、不污染环境、不产生农药残留、对作物无不良影响、有比较长期的效果等优点。就茶园自身的特点看，保护茶园环境中的天敌资源，充分发挥它们的生态调控作用，是茶园生物防治最重要的方面。

（一）保护茶园害虫天敌

在茶园周围可种植杉、棕、苦楝等防护林和行道树，或采用茶林间作、茶果间作，幼龄茶园间种绿肥，夏、冬季在茶树行间铺草，以给天敌创造良好的栖息、繁殖场所。在进行茶园耕作、修剪等人为干扰较大的农活时给天敌一个缓冲地带，减少天敌的损伤。将修剪下来的茶树枝条堆放在茶园附近，茶树枝条上的某些害虫（螨）因不能及时获得食料而饿死，寄生蜂则可飞回茶园。部分寄生性天敌昆虫（寄生蜂、寄生蝇）和捕食性天敌昆虫（食蚜蝇）羽化后，需吮吸花蜜进行补充营养才能进行产卵繁殖的，可在茶园周围种植一些不同时期开花的蜜源植物，以延长天敌昆虫的寿命和增加产卵量，同时也可以美化茶园环境。

（二）释放捕食螨、寄生蜂等天敌昆虫

捕食螨、寄生蜂等天敌经室内人工大量饲养后释放到田间，可控制相应的害虫（螨）。已经试用的有浙江省释放茶尺蠖绒茧蜂防治茶尺蠖幼虫，以及释放胡瓜钝绥螨防治茶橙瘿螨。安徽省引进松毛虫赤眼蜂，在小卷叶蛾卵期，连续放蜂 4～5 批，一般寄生率在 60%～70%，高的达 90%。贵州、浙江等省试验用红点唇瓢虫防治长白蚧和椰圆蚧，亦有较明显的效果。

（三）应用病原微生物制剂

茶园生态环境稳定，温湿度适宜，有利于病原微生物的繁殖和流行。应用病原微生物防治茶树病虫害已取得了较大的进展。常见的微生物制剂有病毒制剂、细菌制剂和真菌制剂等。白僵菌是一种病原真菌，其对各种鳞翅目害虫幼虫有较好效果，对假眼小绿叶蝉和茶丽纹象甲也有一定防治效果，在我国茶区已推广应用。苏云金杆菌作为细菌性病原微生物，其对茶园鳞翅目害虫幼虫有良好的效果，在茶叶生产中广为应用。昆虫病毒是一个很有前途的治虫微生物类群，至今为止从茶树害虫上已发现有昆虫病毒种类 80 余种，其中，以茶尺蠖核型多角体病毒、茶毛虫核型多角体病毒在茶叶生产中使用面积较大。田间使用病毒后，病毒可在自然条件下繁殖，1～2 年后仍可以在茶园中发现有感染病毒的幼虫，从而起到自然控制的作用。目前已商品化的茶树害虫微生物主要有苏云金杆菌和茶尺蠖核型多角体病毒制剂。

（四）应用植物源和矿物源农药

植物源农药是指有效成分来源于植物体具有杀虫或杀菌作用的活性物质，研究应用较多的植物源农药主要有生物碱类、萜烯类、酮类等。植物源农药杀虫机理包括触杀、胃毒、忌避、拒食、抑制生长和生育、干扰昆虫的中枢神经系统等多种方式。苦参碱属于生物碱类杀虫剂，一般为苦参总碱，其主要成分有苦参碱、槐果碱、氧化槐果碱、槐定碱等多种生物碱，具有触杀和胃毒作用。

矿物源农药是指有效成分来自天然矿物的农药，常见的有石硫合剂、硫黄和农用喷淋油等。农用喷淋油是从石油中分离出的用于农业害虫防治的一种矿物油，其杀虫原理是通过溶解昆虫体表蜡质层，封闭昆虫气孔，达到杀死或控制害虫的为害，作为农药已经有 100 多年历史。与一般化学农药相比，农用喷淋油具有防治方式（窒息）独特、对害虫不易产生抗性、对环境生物杀伤力低、无作物和环境残留等特点，广泛用于介壳虫、粉虱、蚜虫、蓟马和螨类的防治。

四、科学用药

科学用药是指科学安全有效使用在茶树上取得登记的农药产品防治病虫害的方法。这些登记的农药产品常常具有速效、使用简便、受环境影响小等特点，因此也是茶树病虫害防治的一项重要措施。科学用药就是强调农药的安全合理使用，其内容主要包括合理选用农药、确定农药的安全间隔期和优化的农药使用技术等。

（一）合理选用农药

根据茶叶生产的要求和茶叶自身的特点，适用于茶园中使用的农药应具有杀虫谱较广、高效、降解速率较快、急性毒性和慢性毒性低等特点。同时，按照我国农药使用管理条例的规定，在茶树上使用的农药品种必须在茶树上取得登记。近年来，我国在茶树上取得登记的农药品种有700余种，但实际农药种类并不多。然而，针对当前茶树病虫发生的情况，登记的农药种类能基本满足茶树病虫防治的需要。目前已在茶树上取得登记的主要农药品种有拟除虫菊酯类农药（溴氰菊酯、氯氰菊酯、联苯菊酯、氟氯氰菊酯等）、杂环类农药（吡虫啉、虫螨腈、茚虫威等）、植物源农药（鱼藤酮、苦参碱、除虫菊）、矿物源农药（农用喷淋油、石硫合剂）和微生物农药（苏云金杆菌、茶核·苏云菌）等杀虫剂，以及杀菌剂（苯醚甲环唑、吡唑醚菌酯等）。这些农药在选用时，还要根据国内外茶叶中最大残留限量标准的变化进行适时调整。有些传统农药，如石硫合剂由于性质稳定，在茶叶采摘期间使用对茶叶品质影响较大，应选择在非采茶季节或非采摘茶园中使用。

（二）遵守农药的安全间隔期

农药的安全间隔期又称为等待期，是指农药在茶树上最后

一次施用后至采摘鲜叶必须等待的最少天数，到达这个天数采制的干茶中农药残留量等于该种农药的最大残留限量标准。不同农药品种的安全间隔期是不一样的。由于适合在茶叶上使用的农药很多，不同的农药有不同的安全间隔期。因此农药喷施以后，必须注意达到安全采茶间隔期的天数后才能采茶。

（三）优化农药使用技术

选择了合适的农药品种，必须应用优化的农药使用技术，才能使得农药发挥最大的防治效果。优化的农药使用技术主要包括以下几个方面。

（1）对症下药。根据防治对象和农药的性质，确定使用农药的品种。咀嚼式口器的茶树害虫（如茶尺蠖、茶毛虫等），应选用有胃毒作用的农药（如拟除虫菊酯类农药、苦参碱等）；刺吸式口器害虫（如茶小绿叶蝉、茶蚜和黑刺粉虱等），应选用触杀作用强的农药（如溴氰菊酯等）或内吸性农药（如吡虫啉、虫螨腈等）；螨类应选用杀螨剂进行防治（如矿物油等）；有卷叶和虫囊的害虫（如茶小卷叶蛾、蓑蛾等），选用强胃毒作用并具有强的内渗作用的农药；蚧类应选用对蚧类有特效的农药；茶树叶部病害的防治，可选用既具保护作用又有内吸和治疗作用的杀菌剂，这样既可以阻止病菌孢子的侵入，又可以发挥内吸治疗效果，抑制病斑的扩展和蔓延。

（2）适时用药。茶树病虫害的防治应按防治指标适时施药。一方面，应用防治指标指导施药，可以减少施药的盲目性，减少农药的使用次数。例如，茶尺蠖防治指标的国家标准为每亩4 500头，小绿叶蝉的防治指标是夏茶前百叶虫数5~6头或每亩虫量10 000头，三四茶百叶虫数12头或每亩虫量15 000~18 000头。另一方面，在害虫对农药最敏感的发育阶段进行适期施药。如蚧类和粉虱类的防治应掌握卵孵化盛末期（卵孵化84%以上时）施药，这时蚧类体表外还没有形成蜡壳或盾壳，因而较低浓度的药液即可收到良好效果。如茶细蛾应在幼虫潜

叶、卷边期施药，茶尺蠖、茶毛虫、刺蛾类等鳞翅目食叶幼虫应在3龄幼虫期前防治才能收到良好效果；茶小绿叶蝉应在发生高峰前期，若虫占总虫量80%以上时施药。茶树病害应在病害发生产或发病初期开始喷施，使用保护性杀菌剂应在病菌侵入茶树叶片前进行施药。此外，茶园中农药的喷施还要考虑茶叶的采摘期。如果茶园即将采摘，就可考虑采摘后再喷药，或选择安全间隔期比较短的农药。采摘茶园中不宜使用对茶叶品质影响较大的长残效农药。在非采摘茶园防治病虫时的用药，可适当选择持效期较长的农药以保持较长的残效。

（3）适量用药。要根据规定的农药使用浓度进行施药。每个农药防治病虫害的使用浓度是根据田间反复试验获得的，因此应严格按照这个浓度进行施药，不可任意提高或降低浓度。提高农药用量虽然在短期内会有良好的药效，但往往会加速抗药性的产生，使防治效果逐渐下降。

（4）适宜的施药方式。要根据害虫的分布情况，选择相应的施药方式。茶小绿叶蝉、茶蚜、茶橙瘿螨、茶尺蠖等害虫喜食茶树嫩叶和嫩梢，常分布在茶树的蓬面，施药时应采用蓬面喷雾的方法。黑刺粉虱、茶毛虫等喜食茶树成叶，主要分布在茶丛中下层，施药时应采用侧位喷雾的方法，将茶丛中下层叶背喷湿。蚧类害虫分布在茶树枝干上和叶片上，施药时应将枝干和茶叶正反面均喷湿。此外，应尽量选择低容量的喷雾方法进行施药。

第六章　茶树气象灾害与防护

我国茶区分布广阔，气候复杂，茶树易受到寒冻、旱热、水湿、冰雹及强风等气象灾害，轻则影响茶树生长，重则使茶树死亡。因此，了解被害状况，分析受害原因，提出防御措施，进行灾后补救，使其对茶叶生产造成的损失降低到最低程度，是茶树栽培过程中不可忽视的重要问题。

第一节　茶树寒、冻害及其防护

寒害是指茶树在其生育期间遇到反常的低温而遭受的灾害，温度一般在0℃以上。如春季的寒潮、秋季的寒露风等，往往使茶萌芽期推迟，生长缓慢。冻害是指低空温度或土壤温度短时期降至0℃以下，使茶树遭受伤害。茶树受冻害后，往往生机受到影响，产量下降，成叶边缘变褐，叶片呈紫褐色，嫩叶出现“麻点”“麻头”。用这样的鲜叶制得的成茶滋味、香气均受影响。

一、茶园寒、冻害的类型

茶树常见的茶园寒、冻害有冰冻、风冻、雪冻及霜冻4种。长江以南产茶区以霜冻和雪冻为主，长江以北产茶区4种冻害均有发生。

（一）冰冻

持续低温阴雨、大地结冰造成冰冻，茶农称为“小雨冻”。由于茶树处于0℃以下的低温，组织内出现冰核而受害。如果低

温再加上大气干燥和土壤结冰，土壤中的水分移动和上升受到阻碍，则叶片由于蒸腾失水过多而出现冻害。开始时树冠上的嫩叶和新梢顶端容易发生为害，受害1~2天后叶片变为赤褐色。

在晴天，发生土壤冻结时，冻土层的水形成柱状冰晶，体积膨大，将幼苗连根抬起。解冻后，茶苗倒伏地面，根部松动，细根被拉断而干枯死亡，对定植苗威胁很大甚至使其死亡，所以发生冻土的茶区不宜在秋季移植。

（二）风冻

风冻是在强大寒潮的袭击下，气温急剧下降而产生的骤冷。加上4~5级的干冷西北风，使茶树体内水分蒸发迅速，水分失去平衡，最初叶片呈青白色而干枯，继而变为黄褐色。寒风和干旱能加深冻害程度，故有“茶树不怕冻就怕风”之说。

（三）雪冻

大雪纷飞，树冠积雪压枝，如果树冠上堆雪过厚，会使茶枝断裂，尤其是雪后随即升温融化，融雪吸收了树体和土壤中的热量，若再遇低温，地表和叶面都可结成冰壳，形成覆雪—融化—结冰—解冻—再结冰的雪冻灾害。这样骤冷骤热、一冻一化（或昼化夜冻）的情况下，使树体部分细胞遭受破坏，其特点是上部树冠和向阳的茶树叶片、枝梢受害严重。积雪也有保温作用，较重冻害发生时，有积雪比无积雪的冻害程度会轻，积雪起到保护茶树免受深度冻害的作用。

（四）霜冻

在日平均气温为0℃以上时期内，夜间地面或茶树植株表面的温度急剧下降到0℃以下，叶面上结霜，或虽无结霜但引起茶树受害或局部死亡，称之霜冻。霜冻有“白霜”和“黑霜”之分。气温降到0℃左右，近地面空气层中的水汽在物体表面凝结成一种白色小冰晶，称为“白霜”；有时由于空气中水汽不足，未能形成“白霜”，这样的低温所造成的无“白霜”冷冻现象称作“暗霜”或“黑霜”，这种无形的“黑霜”会破坏茶树组织，其为害往往比“白霜”重。所以说，有霜冻不一定见到霜。

根据霜冻出现的时期，可分为初霜与晚霜，一般晚霜为害比初霜严重。通常在长江中下游茶区一带，晚霜多出现在3月中下旬，这时，茶芽开始萌发，外界气温骤然降至低于茶芽生育阶段所需的最低限度，造成嫩芽细胞因冰核的挤压，生机停滞，有时还招致局部细胞萎缩，新芽褐变死亡。轻者也产生所谓“麻点”现象，芽叶焦灼，造成少数腋芽或顶芽在短期内停止萌发，春茶芽瘦而稀。

二、茶树寒、冻害的防护

经常性的寒、冻害对茶叶的产量、品质有很大的影响，因此，对新建茶园而言，应充分考虑这一因素对茶叶生产的影响。已建茶园则在原来的基础上改善环境、运用合理的防护技术，降低茶树受寒、冻害影响所造成的损失。

（一）新建茶园寒、冻害的防护

茶园建设之初，充分考虑寒、冻害带来的影响，可有效降低灾害发生带来的影响。

（1）地形选择。寒、冻害发生严重的地方，茶园选地时要充分考虑到有利于茶树越冬。园地应设置在朝南、背风、向阳的山坡上，最好是孤山，或附近东、西、南三面无山，否则易出现“回头风”和“串沟风”，对茶树越冬不利。山顶风大土干，山脚夜冷霜大。正如俗语所说“雪打山梁霜打洼”，故茶树多种在山腰上。山地茶园最好就坡而建，因为坡地温度一般比平地高2℃左右，而谷地温度比平地要低2℃左右，谷地茶园两旁尽量保留原有林木植被。在易受冻害的地带，最好布置成宽幅带状茶园，使茶园与原有林带或人工防风林带相间而植，林带方向应垂直于冬季寒风方向，以减少寒风为害。

（2）选用抗寒良种。这是解决茶树受冻的根本途径。我国

南部茶区栽培的大叶种茶树抗寒力较弱，而北部茶区栽培的中小叶种茶树抗寒力较强，即使同是中小叶种，品种间抗寒能力也不尽一致。一般来说，高寒地区引种应选择从纬度较北或海拔较高的地方引入，使引入的种子与茶树品种与当地气候条件差异小，不致引起冬季严重寒、冻害的发生。或自繁自用，以利用它们已经具备的、能适应当地气候条件的抗寒能力。

（3）深垦施肥。种植前深垦并施基肥，能提高土壤肥力，改良土壤，提高地温，培育健壮树势。

（4）营造防护林带。建立生态茶园在开辟新茶园时，有意识地保留原有部分林木，绿化道路，营造防护林带，以便阻挡寒流袭击并扩大背风面，改善茶园小气候，这是永久性的保护措施。一般依防护林带的有效防风范围为林木高度的15~20倍来建设。

（二）现有茶园寒、冻害的防御措施

合理运用各项茶园培育管理技术，促进茶树健壮成长，可以提高茶树抗寒能力。寒、冻害发生时，通过各种防冻措施的运用，对降低和控制寒、冻害的影响程度有着一定的作用。

（1）茶园寒、冻害防护培管措施。对茶园寒、冻害防护的生产措施可考虑以下几方面工作。

①深耕培土。合理深耕，排除湿害，可促进细根向土壤下层伸展，以增强抗寒力。培土可以保温，也有利减少土壤蒸发，保存根部的土壤水分，因而有防冻作用。在深耕的同时，将茶树四周的泥土向茶树根颈培高5~10cm。福建、四川不少茶区素有“客土培园”“壅土培蔸”经验，它兼有改土作用，对土层较薄的茶园效果更佳。

②冬季覆盖。覆盖有防风、保温和遮光3种效果。防风的目的在于能控制落叶，抑制蒸发。保温的作用在于防止土壤冻结，减轻低温对光合作用的阻碍，同时能抑制蒸发。这种效果在冬季寒、冻害发生时格外显著。在往常年冻害来临之前，用

稻草或野草覆盖茶丛，有预防寒风之效，但要防止覆盖过厚，开春后要及时掀除。茶园铺草或蓬面盖草的防冻效果是极其显著的，此法在我国各茶区应用较为普遍。铺草能提高地温1~2℃，减轻冻害，降低冻土深度、保护茶树根系不至于因冻害而枯萎死亡；蓬面盖草可防止叶片受冻以及干寒风侵袭所造成的过度蒸腾。盖草一般在小雪前后进行，材料可选杂草、稻草、麦秆、松枝或塑料薄膜，以盖而不严、稀疏见叶为宜，使茶树既能正常进行呼吸作用，又能使呼吸放出的热量有所积聚，还能提高冠面温度。江北茶区在翌年3月上旬撤除覆盖物，南部地区可适当提前。据观测，蓬面盖草可使夜间最低温提高0.3~2.0℃。

③茶园施肥。茶园施肥应做到“早施重施基肥，前促后控分次追肥”。基肥应以有机肥为主，适当配用磷、钾肥，做到早施、重施、深施；高纬度、高海拔地区，深秋初冬气温下降快，茶树地上部和地下部生长停止期比一般茶区早，如推迟基肥施用时期，断伤根系在当年难以恢复生长，这就会加重茶树冻害，处暑至白露施基肥较好。“前促后控”的追肥方法是指春、夏茶前追肥可在茶芽萌动时施，促进茶树生长；秋季追肥应控制在立秋前后结束，不能过迟，否则秋梢生长期长，起不到后控作用，对茶树越冬不利。

④茶园灌溉。灌足越冬水，辅之行间铺草，是有效的抗冬旱防冻技术。在晚间或霜冻发生前的夜间进行灌溉，其防霜作用可连续保持2~3夜，热效平均可提高2~3℃。灌溉效应表现在以下几个方面：灌溉水温比土温高，从而提高土温；水汽凝结，放出大量汽化潜热，阻止地表温度下降；土壤导热率增加，有利下层热量向上层传导，补充地表温度的散失。

⑤修剪和采摘。在高山或严寒茶园的树型以培养低矮茶蓬为宜，采用低位修剪，并适当控制修剪程度，增厚树冠绿叶层，这样可减轻寒风的袭击。冬季和早春有严重冻害发生的地区，

可将修剪措施移至春季气温稳定回暖时，或春茶后进行，一般茶区，修剪时间应于茶树接近休眠期的初霜前进行。过早，剪后若再遇气温回暖，引起新芽萌动，随后骤寒受冻；过迟，受低温影响，修剪后对剪口愈合、新芽孕育不利。茶叶采摘，做到“合理采摘，适时封园”，可以减轻茶树冻害。合理采摘应着重考虑留叶时期，以及适当缩小秋茶比重和提早封园。如果秋茶采摘过迟，消耗养分量多，树体易受冻害。幼年茶树采摘要注意最后一次打顶轻采的时期，使之采后至越冬前不再抽发新芽为宜。

（2）防寒、防冻的其他方法。各地都有许多不同的寒、冻害防护经验，因地制宜地利用物理方法，采取不同的措施，有的也在探讨利用外源药物的方法对寒、冻害发生加以防护。

茶园寒、冻害发生时采用的物理方法主要有以下几种。

①熏烟法。霜冻发生期能够借助烟幕防止土壤和茶树表面失去大量热量，起着“温室效应”的作用。因为霜是夜间辐射冷却时形成于物体或植物表面的水汽凝结现象，烟的遮蔽可使地面夜间辐射减少；水汽凝结于吸湿性烟粒上时能释放潜热，可提高近地面空气温度，不致发生霜冻。此法适用于山坞、洼地茶园防御晚霜。熏烟法是当寒潮将要来临时，根据风向、地势、面积设堆，气温降至2℃左右时处点燃干草、谷糠等使形成烟雾，既可防止热量扩散，又可使茶园升温。

②屏障法。平流霜冻的生成原因是冷空气的流入。屏障法是防止平流霜冻的主要措施。防风林、防风墙、风障等可减低空气的平流运动、提高气温、减少土壤水分蒸发，也提高了土温。

③喷水法。在有霜的夜间，当茶树表面达到冰点时进行喷水，由于释放潜热（0℃时，每克水变成冰能释放334.94J热量），可使气温降低缓慢，只要连续不断地喷水直到黎明气温升高时为止，就可防止茶树叶片温度下降到冰点以下。同时，在

植株上形成的冰片和冰核在短时间内就会融化。如遇晚霜为害，喷水还可洗去茶树上的浓霜。喷水强度每1 000m^2面积上每小时喷水4m^3。当降霜之夜，喷水茶园的叶温和蓬面温度大体保持在0℃，而不喷水茶园的温度降低到-8℃左右。

采用喷水结冰法，一旦喷水开始，必须要连续喷水到日出以前，若中途停止，由于茶芽中水温下降到0℃以下，则比不喷水时更易受为害。

④防霜风扇法。据日本报道，在发现移动性高压时，近地面的低空发生强烈的气温逆转现象，离地6~10m处的气温比茶树叶温一般要高5~10℃，因此在离地6.0~6.5m处安装送风机，将逆流层上的暖空气吹至茶树采摘面，提高茶树周际温度，达到防霜和促进芽梢生育的目的。每公顷茶园安装风扇30~40台，坡地茶园风扇的头部由山侧向山谷倾斜，平地及缓坡地茶园风扇头部向日出前的气流方向倾斜，俯角45°，事先设置好，当蓬面温度下降至3℃时，风扇就会自动开启。

第二节　茶树旱、热害及其防护

茶树因水分不足，生育受到抑制或死亡，称为旱害。当温度上升到茶树本身所能忍受的临界高温时，茶树不能正常生育，产量下降甚至死亡，谓之热害。热害常易被人们所忽视，认为热害就是旱害，其实二者既有联系，又有区别。旱害是由于水分亏缺而影响茶树的生理活动，热害是由于超临界高温致使植株蛋白质凝固，酶的活性丧失，造成茶树受害。

由于降水量的分布不均匀，在长江中下游茶区，每年的7—8月，气温较高，日照强，空气湿度小，往往发生夏旱、伏旱、秋旱和热害，严重地威胁着茶树生长。中国农业科学院茶叶研究所研究指出，当日平均气温30℃以上，最高气温35℃以上，相对湿度60%以下，当土壤水势为-0.8MPa左右，土壤相对持

水量35%以下时，茶树生育就受到抑制，如果这种条件持续8~10天，茶树就将受害。

一、旱、热害的症状

茶树遭受旱、热害，树冠丛面叶片首先受害，先是越冬老叶或春梢的成叶，叶片主脉两侧的叶肉泛红，并逐渐形成界限分明但部位不一的焦斑。随着部分叶肉红变与支脉枯焦，继而逐渐由内向外围扩展，由叶尖向叶柄延伸，主脉受害，整叶枯焦，叶片内卷直至自行脱落。与此同时，枝条下部成熟较早的叶片出现焦斑、焦叶，顶芽、嫩梢亦相继受害，由于树体水分供应不上，致使茶树顶梢萎蔫，生育无力，幼芽嫩叶短小轻薄，卷缩弯曲，色枯黄，芽焦脆，幼叶易脱落，大量出现对夹叶，茶树发芽轮次减少。随着高温旱情的延续，植株受害程度不断加深、扩大，直至植株干枯死亡。

热害是旱害的一种特殊表现形式，为害时间短，一般只有几天，就能很快使植株枝叶产生不同程度的灼伤干枯。茶苗受害是自顶部向下干枯，茎脆，轻折易断，根部逐渐枯死，根表皮与木质部之间成褐色，若根部还没死，遇降雨或灌溉又会从根茎处抽发新芽。

茶树旱害，造成茶树水分亏缺，光合与呼吸等生理代谢失调，糖类合成减少，蛋白质水—消耗，使正常细胞壁结构中的类脂物发生变化；组成生物体的蛋白质变性；原生质凝聚；细胞壁的半透性丧失；体内自由基浓度提高，超过“伤害”阈值也导致膜系统破坏，茶树受害，症状显露。

鉴定茶树抗旱性的方法常用的有五级评定法、萎蔫系数测定法和叶片耐热性测定等。

二、干旱胁迫对茶树的影响

茶树受干旱胁迫时，其生理代谢会发生一系列变化，如酶

活性、水势、生化成分、激素水平等都会有影响。

（一）干旱胁迫对叶片中主要保护酶类的影响

抗旱性强的品种在非胁迫环境下其体内有较高的过氧化氢酶（CAT）活性，且能在干旱胁迫中使超氧化物歧化酶（SOD）、CAT活性维持在较高水平上或提高到较高水平，而抗旱性弱的品种正好相反。研究表明，轻度干旱胁迫下，过氧化物酶的活性低；严重的水分胁迫下，过氧化物酶活性表现出相反的规律，并认为在一定的水分胁迫范围内，过氧化物酶活性可用作茶树耐旱性的鉴定指标。

（二）干旱胁迫对茶树新梢水势和其他生理代谢的影响

据研究，干旱6~7天时，茶树的水势可下降0.2~0.6MPa，同时相对含水量下降5%~8%。在旱季，新梢水势最低值可降至-20~-15bar，到翌晨又恢复到-3~-2bar，一天中保持接近最低值的时间达8h之久。研究表明，茶树叶片的水势是随土壤水分亏缺的增大而减少，并与蒸腾损耗呈负相关，与水的利用率呈正相关。新梢水势与新梢的生长状况及新梢所处部位有关，选用茶树中部的一芽二、第三叶活动新梢做水势测定，更能准确地反映茶树的干旱程度。

吴伯千等测定，叶片净光合速率随水分胁迫的持续而逐渐降低并出现负值。在胁迫前3天，净光合速率下降最大，以后逐渐缓慢。随水分胁迫的持续，叶片气孔导度和蒸腾速率都逐渐下降。当茶树遭受干旱影响时，茶树叶片碳氮合成代谢减弱，新梢中茶多酚、氨基酸、咖啡碱和水浸出物等品质成分减少，而且儿茶素品质指数降低，氨基酸组成也产生变化。

（三）干旱胁迫对叶片细胞代谢成分的影响

植物为了适应逆境条件，基因表达会发生一些变化，正常蛋白质合成受阻，而诱导产生一类新的适应性蛋白质，逆境蛋白、热激蛋白、水分胁迫蛋白、厌氧蛋白、活性氧胁迫蛋白就

是其中的几种。高温干旱条件下，植物为了减轻伤害，引起脱落酸（ABA）的积累，启动热激蛋白和水分胁迫蛋白以及诸如超氧化物歧化酶之类的活性氧胁迫蛋白的合成。研究发现在水分亏缺的条件下，茶树叶片中可溶性蛋白质的含量下降。表明其降解加快或合成受阻，从而加速了叶片的衰老。特别是对干旱比较敏感的品种，如龙井43，叶片中可溶性蛋白质的含量下降了21.7%。然而，抗旱品种，如大叶云峰，叶片中可溶性蛋白质的含量下降不多。与此同时，细胞内游离氨基酸含量却有所增高。游离氨基酸的累积对于缓和或解除逆境下细胞中氮的毒害起到一定的作用，尤其是偶极性氨基酸——脯氨酸（细胞内重要的渗透调节物），起着稳定膜结构和增加细胞渗透势的作用。另外，叶片中可溶性糖的含量在干旱条件下也呈上升趋势，可溶性糖含量的增加有助于降低细胞的渗透势，维持在水势下降时的细胞膨压，从而抵御水分亏缺的不良作用，这是一些品种具有较强抗旱能力的生化基础。

（四）干旱胁迫对茶树体内激素水平变化的影响

潘根生等研究表明，干旱胁迫引起脱落酸（ABA）迅速累积，在胁迫过程中叶片内源ABA含量不断上升。干旱引起ABA累积的生理效应主要是导致气孔关闭，增加根对水的透性，诱导脯氨酸累积，因此干旱时脯氨酸的累积可能是对ABA增加的一种反应。茶树的抗旱能力与其体内的激素水平变化及比例有关：在水分胁迫下，生长素含量不断增加，脱落酸含量也持续上升，但耐旱型品种叶片的脱落酸累积速率低于干旱敏感型品种；而玉米素的含量则下降，耐旱性强的品种下降幅度相对较小；脱落酸与玉米素的比值不断上升，其规律与品种耐旱性的强弱一致。

三、旱、热害的防护

防御茶树旱、热害的根本措施在于选育抗逆性强的茶树品

种，加强茶园管理，改善和控制环境条件，密切注意干旱季节旱情的发生与发展，做到旱前重防、旱期重抗。

（一）选育较强抗旱性的茶树品种

选育较强抗旱性的茶树品种是提高茶树抗旱能力的根本途径。茶树扎根深度影响无性系的抗旱性，根浅的对干旱敏感，根深的则较耐旱。另据报道，耐旱品种叶片上表皮蜡质含量高于易旱品种。在蜡质的化学性质研究中，发现了咖啡碱这一成分以耐旱品种含量为高，所以茶树叶片表面蜡质及咖啡碱含量与抗旱性之间有一定的关系。据研究，茶树叶片的解剖结构，如栅栏组织厚度与海绵组织厚度的比值、栅栏组织厚度与叶片总厚度的比值、栅栏组织的厚度、上表皮的厚度等均同茶树的抗旱性呈一定的相关性。

（二）合理密植

合理密植，能合理利用土地，协调茶树个体对土壤养分、光能的利用。双行排列的密植茶园，茶园群体结构合理，能迅速形成覆盖度较大的蓬面，从而减少土壤水分蒸发，防止雨水直接淋溶、冲击表土，有效防止水土流失。同时茶树每年以大量的枯枝落叶归还土壤表层，对土壤有机质的积累、土壤结构改良、土壤水分保持均起良好的作用，但茶园随着种植密度的增加，种植密度大的土壤含水量下降明显，表现为易遭旱害。因此，对多条密植茶园应加强土壤水分管理，更应注意旱季补水。

（三）建立灌溉系统

有条件处可以建立灌溉系统。茶园灌溉是防御旱热害最直接有效的措施，旱象一露头就应进行灌溉浇水，并务必灌足浇透，倘若只是浇湿表面，不但收不到效果，反而会引起死苗。旱情严重时，还应连续浇灌，不可中断。各地根据自身条件，可采用喷灌、自流灌溉或滴灌等灌水方法，其中以喷灌效果较好。

（四）浅锄保水

及时锄草松土，行间可用工具浅耕浅锄，茶苗周围杂草宜用手拔，做到除早、除小，可直接减少水分蒸发，保持土壤含水量。但要注意旱季晴天浅耕除草会加重旱害，宜在雨后进行。

（五）遮阴培土

铺草覆盖、插枝遮阴、根部培土，可降低热辐射，减少水分蒸腾与蒸发。培土应从茶苗 50cm 以外的行间挖取，培厚 6~7cm，宽 15~20cm。据调查，对 1 年生幼龄茶园进行铺草覆盖，茶树受害率要比没有铺草的降低 23%~40%。

（六）追施粪肥

结合中耕除草，在幼年茶树旁边开 6~7cm 深的沟浇施稀薄人、畜粪尿（粪液约含 10%），既可壮苗，增强茶苗抗旱能力，又可减轻土壤板结，促进还潮保湿作用。

（七）喷施维生素 C

印度的东北部对此进行了反复试验，用适当浓度的维生素 C 对茶树叶面喷射，可以诱导和提高茶树的抗旱性。这是因为维生素 C 能使抗坏血酸过氧化物酶的活性提高，从而使细胞和组织内游离氨基酸含量增加，并能增加原生质的黏性和弹性，使细胞内束缚水含量增加，提高胶体的水合作用。

A. C. Handique 等将抗蒸腾剂（ABA 等）在茶树上使用，通过使用抗蒸腾剂，改善了幼龄和成龄茶树的水分状况，提高了植株的水势。新型生物制剂壳聚糖在作物上使用，不仅可以调节植物的生长发育，还可以诱导植物产生抗性物质，提高植物的抗逆性，具有广阔的发展前景。

四、旱、热害后的补救措施

（一）修剪

旱、热害初时茶树叶片萎蔫，随着为害的深入，茶树叶片枯焦至枝条干枯，甚至整丛枯死。对于焦叶、枯枝现象发生较重的茶园，当高温干旱缓解后，伴随有数次降雨，茶树处于恢复生长过程中，之后的天气不会再带来严重旱情时，可进行修剪，剪除上部枯焦枝条。对于整丛枯死的，要挖掉并进行补缺。受旱茶树无论修剪与否，之后均应留养，以复壮树冠。

（二）加强营养

由于受到旱、热害的影响，要及时补充养分，以利茶树生长的恢复。通常是在茶树修剪后，可亩施30～50kg复合肥，如此时已近9月下旬，可与施基肥一起进行，增加200kg左右的菜饼肥。

（三）及时防治病虫害

旱、热害后，茶树叶片的抗性会降低，其伤口容易感染病害，如茶叶枯病、茶赤叶斑病等，而且高温干旱期间，茶树容易受到假眼小绿叶蝉、螨类、茶尺蠖等为害，加重旱害的程度。因此，要注意相关病虫害的发生，及时采取生物及化学防治措施。

第三节 茶树湿害及其防护

茶树是喜湿怕淹的作物，在排水不良或地下水位过高的茶园中，常常可以看到茶树连片生育不良，产量很低，虽经多次树冠改造及提高施肥水平，均难以改变茶园的低产面貌，甚至逐渐死亡，造成空缺，这就是茶园土壤的湿害。所以在茶园设计不周的情况下，茶园的湿害还会比旱害严重些。同时也会因为湿害，导致茶树根系分布浅，吸收根少，生活力差，到旱季，渍水一旦退去，反而加剧旱害。

一、湿害的症状

茶树湿害的主要症状是分枝少，芽叶稀，生长缓慢以至停止生长，枝条灰白，叶色转黄，树势矮小多病，有的逐渐枯死，茶叶产量极低，吸收根少，侧根伸展不开，根层浅，有些侧根不是向下长而是向水平或向上生长。严重时，输导根外皮呈黑色，欠光滑，生有许多呈瘤状的小突出。

湿害发生时，深处的细根先受其害，不久后，较浅的细根也开始受伤，粗根表皮略呈黑色，继而细根开始腐烂，粗根内部变黑，最终是粗根全部变黑枯死。由于地下部的受害，丧失吸收能力，而渐渐影响地上部的生长，先是嫩叶失去光泽显黄，进而芽尖低垂萎缩。成叶的反应比嫩叶迟钝，表现为叶色失去光泽而萎凋脱落。

湿害茶园，将茶树拔起检查，很少有细根，粗根表皮略呈黑色。由于受害的地下部症状不易被人们发现，等到地上部显出受害症状时，几乎已不可挽救了。

二、湿害的原因

茶树发生湿害的根本原因是土壤水分的比率增大，空气的比率缩小。由于氧气供给不足，根系呼吸困难，水分、养分的吸收和代谢受阻。轻者影响根的生长发育，重者窒息而死。渍水促进了矿质元素的活化，增加了溶液中铁与锰的浓度，施加较高量的有机质更能促进铁的淋溶损失，渍水土壤中，pH 值一般向中性发展，并随时间的延长，酸性土壤的 pH 值随之升高。

在渍水土壤中，有机质氧化缓慢，分解的最终产物是二氧化碳、氢、甲烷、氨、胺类、硫醇类、硫化氢和部分腐殖化的残留物，主要的有机酸是甲酸、乙酸、丙酸和丁酸。铁、锰以

锈斑、锈纹或结核的形态淀积，永久渍水层由于亚铁化合物的存在而呈蓝绿色，由于缺氧，好氧性微生物死亡，厌氧性微生物增殖，加速土壤的还原作用，导致各种还原性物质产生。在这种条件下，土壤环境恶化，有效养分降低，毒性物质增加，茶树抗病力低，因此造成茶根的脱皮、坏死、腐烂。这种现象在土壤中有非流动性的积水时更为常见。

三、湿害的排除

由于湿害多发生在土地平整时人为填平的池塘、洼地处，或耕作层下有不透水层，山麓或山坳的茶园积水地带。故排除湿害应根据湿害的原因，采取相应的措施，以降低地下水位或缩短径流在低洼处的滞留时间。

在建园时土层 80cm 内有不透水层，宜在开垦时予以破坏，对有硬盘层、黏盘层的地段，应当深垦破塥，以保持 1m 土层内无积水。如果在建园之初未破除硬盘层的茶园，栽种后发现有不透水层也应及时在行间深翻破塥补救。

完善排水沟系统是防止积水的重要手段，在靠近水库、塘坝下方的茶园，应在交接处开设深的横截沟，切断渗水。对地形低洼的茶园，应多开横排水沟，而且茶园四周的排水沟深达 60~80cm；当 80cm 土层内有坚硬的岩石（在一块茶园中占面积不大时），或原是地块的集水处、池塘等处，应设暗沟导水，具体方法是：每隔 5~8 行茶树开一条暗沟，沟底宽 10~20cm，沟深 60~80cm，并通达纵排水沟，沟底填块石，上铺碎石、沙砾。为防止泥沙堵塞，上面加敷一层聚乙烯薄膜，最后填土镇压，暗沟上的土层最少要有 60cm 深。如果土壤黏重的，最好掺以沙土，使水易于渗透。因暗沟的设立费工较多，故在新建茶园规划时，对上述地块的利用要慎重考虑。

对于建园基础差的湿害严重的茶园，应结合换种改植，重新规划，开设暗沟后再种茶。如不宜种茶，可改作他用。

茶园灾害性气象除了寒害、冻害、旱害、热害、湿害主要几种危害外，还有风害、雹害等。对于这些自然灾害的防控，各地都有许多好的经验。实践证明，为了保护茶园土壤和茶树、改善局部小气候，应营造防风林、设置风障来降低风力、防止风害的发生。营造防护林带可减少寒、冻、水、旱、热、风、雹等自然灾害的发生，是一项治本的措施。林木可涵养水源，保持水土，调节气温，减少垂直上升气流的发生，避免大风与冰雹的形成。防护林带内十分有利于露的沉降，与开阔地（即无防护条件时）对比，在风障后相当于其高度2~3倍的地带上，露的沉降量约为开阔地的2倍。根据相同的道理，作为风障的防护林，将可以俘获更多的雾，这无疑对茶树生长是有利的。在防风林带的保护下，可使茶叶产量品质得到提高和改善。

第七章　茶叶采摘与贮藏保鲜技术

第一节　手采技术

茶叶采摘既是茶叶生产的收获过程，也是增产提质的重要树冠管理措施。茶叶采摘好坏，不仅关系茶叶质量、产量和经济效益，而且还关系茶树的生长发育和经济寿命的长短，所以，在茶叶生产过程中，茶叶采摘具有特别重要的意义。

在年度内随季节的推移，茶树新梢生长呈现出枝上生枝的现象，体现了茶树生育具有“轮性”的特征。我国大部分茶区，自然生长茶树新梢生长和休止，一年有 3 次，即越冬萌发→第一次生长休止→第二次生长→休止→第三次生长→冬眠。而通过茶叶采摘可以影响茶树新梢生长的规律，增加新梢萌发轮次，使得我国大多数茶区全年可以萌发新梢 4~5 轮，在南方温暖湿润最适宜区的茶树全年萌发新梢 6~7 轮。在茶叶生产中通过增加采摘轮次，缩短轮次间隔时间，以增加全年茶芽的萌发轮次，是获得高产的重要环节。

茶叶的采摘有手采（包括工具采）和机采。手工采摘是传统的茶叶采摘方法。采茶时，要实行提手采，分芽采，切忌一把捋。这种采摘方法的最大优点是采摘标准整齐划一，并对茶叶的采留结合容易掌握。缺点是费工，成本高，难以做到及时采摘。目前细嫩名优茶的采摘，由于采摘标准要求高，还不能实行机械采茶，仍用手工采茶。

一、合理采摘

合理采摘是指在一定的环境条件下，通过采摘技术，借以促进茶树的营养生长，控制生殖生长，协调采与养、量与质之间的矛盾，从而达到多采茶、采好茶、提高茶叶经济效益的目的。其主要的技术内容，可概括为标准采、留叶采和适时采。

标准采：按一定的芽叶数量和嫩度标准采摘。

留叶采：根据茶树不同发育时期，不同发育状况，留一定数量真叶采摘，以培养树势、延长采摘期和高产期，这是合理采摘的中心环节。

适时采：根据采摘标准和留叶，及时、分批、多次采。

二、采摘标准

（一）采摘标准的含义

采摘标准是指从一定的新梢上采下芽叶的大小与多少。按采下鲜叶老嫩不同，采摘标准可分为以下几级。

细嫩采：这是高档名优茶的采摘标准，指茶芽萌发膨大或1~2片嫩叶初展时就采摘。如龙井茶的“雀舌”“旗枪”等。这种采摘标准品质最优，但花工多，产量低，而且季节性强。

适中采：这是红、绿茶最普遍的采摘标准。当新梢伸长到一定程度时，采下一芽二、三叶和嫩的对夹叶，产量高，品质好。

成熟采：这是我国特种茶采用的采摘标准。如青茶——采摘顶芽已成驻芽的三、四叶；黑砖茶——新梢成熟，基部已木质化，呈红棕色时才采摘。

（二）采摘标准的确定

1. 不同茶类

绿茶：名优绿茶——芽、一芽一叶初展或一芽二叶初展。

大宗绿茶——一芽二、三叶和同等嫩度的对夹叶。

红茶：一芽二、三叶和同等嫩度的对夹叶。

黄茶：芽或一芽四、五叶。

黑茶：五、六叶的成熟枝梢。

白茶：芽、一芽二叶。

青茶：顶芽已成驻芽的三、四叶。

2. 不同新梢生育和季节。

以龙井茶原料的采摘为例。

清明前后：特级——芽、一芽一叶初展（芽长于叶一、二级、一芽一、二叶（叶长于芽）。

谷雨后：三至五级——芽二、三叶初展，部分对夹叶。

夏季：五级——芽叶长度 4cm 以上，部分对夹叶。

秋季：一芽二叶初展或开展。

三、留叶标准

（一）留叶标准的含义

留叶标准是指采去芽叶后留在新梢上叶片的多少。按留叶数量不同，留叶标准可分为以下几种。

1. 打顶采

新梢展叶 5~6 片叶子，或新梢即将停止生长时，采去一芽二、三叶，留三、四片以上真叶，一般每轮新梢采摘一两次。这是一种以养树为主的采摘方法。

采摘要领：采高养低，采顶留侧，以促进分枝，培养树冠。

2. 留真叶采

新梢长到一芽三、四叶或一芽四、五叶时，采去一芽二、三叶，留一两片真叶。留真叶采又因留叶多少、留叶时期不同，分为多种采摘方式。这是一种采养结合的采摘方法。

3. 留鱼叶采

采下一芽一、二叶或一芽二、三叶，只留鱼叶。这是一种以采为主的采摘方法。

（二）留叶标准的确定

在生产实践中，根据树龄、树势、气候条件以及加工茶类等具体情况，选用不同的留叶采摘方法，并且组合运用，才能达到高产、优质，又能维持茶树正常而旺盛的生长。

1. 幼年茶树

原则：以养分主，以采为辅。适用于茶园基础好，肥培管理水平高，幼年茶树生长势良好的茶树。

方法：

二足龄——春、夏茶留养，秋季树冠高度超过 60cm 时打顶采。

三足龄——春茶末时打顶采，夏茶留二、三叶采，秋茶留鱼叶采。

四足龄——长势好，荫蔽度大的，可进入投产期。春留二叶采，夏留一叶采，秋留鱼叶采。

2. 成年茶树

原则：以采为主，以养为辅。全年应有一季留真叶采。

方法：

投产初期——春留二叶采，夏留一叶采，秋留鱼叶采。

长江中、下游绿茶区——春、秋留鱼叶采，夏留一叶采。

华南红茶区——第一、二轮茶留一叶采，第三轮茶以后留鱼叶采。

管理水平高，茶树长势好，叶片多的茶园全年留鱼叶采。管理水平一般的茶园春、夏留一叶采，秋留鱼叶采。

3. 更新茶树

原则：以养为主，采养结合。

方法：

重修剪茶树——当年留养春梢不采，夏茶打顶采，秋茶留鱼叶采；翌年轻修剪后，即可按成年茶树正常采摘。

台刈茶树—当年春、夏茶留养不采，秋茶末期打顶采。翌年春茶前进行第一次定型修剪，并剪除密集的细枝，预留骨干枝。夏茶末期打顶采，秋茶留鱼叶采。在此期间，进行第二次定型修剪。第三年春茶前轻修剪，正常留叶采。

四、采摘时期

采摘时期是指茶树新梢在生长期间，根据采摘标准和留叶标准而确定的各茶季开采期和年停采期（可以根据有效积温推测）。

（一）开采期

开采太早，工效低；开采迟，产量高峰期采摘不及，造成浪费。应该根据气候、茶树生长情况确定，一般茶园中有10%～15%的新梢达到采摘标准和留叶标准即可开采。开采后约10天，经过2次采摘，便可进入旺采期。

（二）停采期

指一年中结束采摘工作的时间，也称封园。停采期的迟早，关系当年的产量，也关系茶树生长和翌年产量。因此，必须根据气候条件、管理水平、茶树年龄等不同确定停采期。江北茶区10月上旬就可停采，华南茶区可采至12月。如果茶园管理差，茶树长势差，应该提前封园，加强栽培管理，可以提高翌年春茶产量。

（三）各季茶的时间划分

区分春、夏、秋茶，在生产上有一定的实践意义，划分的方法各省茶区不完全相同。春、夏茶有明显的间歇期，比较好区分。夏、秋茶间歇则不明显，故在茶叶生产管理上，为了便于统计，常将春茶结束后到7月底采的茶叫夏茶。8月1日以后的茶为秋茶。

湖南茶区：

春茶——指在春季气候环境下生育采摘的茶叶。采摘的只是一轮枝没有二轮枝，故又称一轮茶（头茶），采摘期一般是4月上旬到5月中旬，即清明到小满前。

夏茶——指在夏季气候环境下生育和采摘的茶叶。夏茶采摘的对象主要是二轮枝和三轮枝没有四轮枝，故包括两轮茶。所谓二轮茶，三轮茶，为属夏茶。采摘期一般是5月下旬到8月上旬，即小满后到立秋前后。

秋茶——指在秋季气候环境下生育和采摘的茶叶。秋茶的采摘对象主要是四轮枝，采摘期是8月上中旬到10月上中旬，即立秋后到霜降前。

长江中下游茶区：

春茶——清明到立夏（4月上旬至5月上旬）。

夏茶——小满到夏至（5月下旬至6月下旬）。

秋茶——大暑到寒露（7月下旬至10月上旬）。

南部茶区：

春茶——雨水到谷雨（2月下旬至4月下旬）。

夏茶——立夏到秋分（5月上旬至9月下旬）。

秋茶——寒露到小雪（10月上旬至11月下旬）。

五、手采技术

（一）掐采

食指和拇指的指尖夹住嫩芽或细嫩的一芽一叶，折断采下。适合于细嫩采摘，速度慢，效率低。

（二）提手采

掌心向下或向上，用拇指指尖和食指侧面夹住新梢，向上稍用力采下。适合于大部分茶区红、绿茶的采摘。

（三）双手采

动作和提手采的手法相同，两手比较靠近，相互配合，交替进行，把符合标准的芽叶采下。双手采效率高，熟练茶工一个上午可采茶35kg。

（四）手采的技术要求（动作快，工效高）

净：符合采留标准的芽叶（包括嫩的对夹叶）采得净，漏采率低。

低：留在茶树上的嫩梗长度合理，不宜太长。

平：采后树冠面平整。采摘芽叶后，对于明显凸出蓬面的新梢顺手摘除掉。

第二节 机采技术

茶叶采摘在茶叶生产中是一项季节性强、颇费工本的劳作，一般要占茶园管理用工的50%以上。近年来，由于农村经济体制改革的不断深化，商品经济迅速发展，农村大批劳力向第二、第三产业转移，不少茶区出现采茶劳力十分紧张的问题。随着劳动工资的提高和生产资料价格的调整，茶叶生产成本日益提高，经济效益降低。采茶工来自不同的地方，有着不同的采摘习惯，采摘标准不一致，并伴有一些滥采现象，鲜叶品质难以得到保证，影响产量和品质。因此，实行机械采茶，减少采茶劳力投入，降低生产成本，保证大宗茶的及时采摘，已成为当前茶叶采摘的主要途径。

我国对采茶机的研究始于20世纪50年代末期。近30年来，研制并提供了生产上试验、试用的多种机型。工作原理均属于切割式，有往复切割式、螺旋滚刀式、水平旋转刀式3种。以动力形式分，有机动、电动和手动3种，以操作形式分，有单人背负手提式、双人抬式2种。

一、机采对茶树生育的影响

采摘间隔时间长。目前机采没有选择性，不能进行分批采，一次采摘芽叶损失量大，采后恢复生长需要时间长，所以采摘间隔时间变长。一般手工采间隔为5~7天，而机采为12~15天。

长期机采茶园发芽密度增加。这是茶树衰退的一种表现。

机采茶园叶层变薄。由于机采是在一个平面上切割采摘，每次机采时，采高了采不到芽叶，采低了导致叶层较薄。

机采茶园的叶层厚度应保持在10cm以上，叶面积指数应在3~4。在生产实践上往往掌握以蓬面“不露骨”为留叶适度，即以见不到枝干外露为宜。

二、机采的条件

1. 适合机采的茶树品种

如龙井43、福鼎大白茶。

无性系品种，长势好，叶片上斜，节间长度适中。

2. 适应机采的茶树树冠

种植规格、树冠高度和宽度、树冠面的平整度达到一定要求。

3. 高水平的栽培管理措施

土壤肥沃、施肥水平高、水分供应充足的茶园。

三、机采适期

采摘期太早，鲜叶质量好，但产量降低；采摘期太迟，鲜叶产量高，但质量下降。

一般根据适采芽叶百分率确定机采适期。

春茶以一芽二、三叶和同等嫩度的对夹叶比例达到70%~

80%，夏、秋茶因持嫩性差，达到60%时开采。

四、机采茶树的留养

机采的留叶方法和手采不同，手采可以做到留一定数量的真叶，而机采只能是每一次采摘适当提高采摘面，留蓄部分芽叶。一般根据不同茶季，采后蓬面应保留1~2片大叶。

第三节　鲜叶验收与分级

在生产过程中，因品种、气候、地势以及采工采法的不同，所采下的芽叶大小和嫩度是有差异的，如不进行适当分级、验收，就会影响茶叶品质。因此，对采下的芽叶，在进厂付制之前，进行分级验收极为重要。其主要目的：一是依级定价（评青），按质论价，调动采工采优质茶的积极性；二是按级加工，提高成茶品质，发挥最佳经济效益。

鲜叶采下后，收青人员要及时验收。验收时从茶篮中取一把具有代表性的芽叶观察，根据芽叶的嫩度、匀度、净度和鲜度4个因素，对照鲜叶分级标准，评定等级，并称重、登记。对不符合采摘要求的，要及时向采工提出指导性意见，以提高采摘质量。

嫩度是鲜叶分级验收的主要依据。根据茶类对鲜叶原料的要求，依芽叶的多少、大小、嫩梢上叶片数和开展程度以及叶质的软硬、叶色的深浅等评定等级。一般红、绿茶对鲜叶的要求以一芽二叶为主，兼采一芽三叶和细嫩对夹叶。

匀度是指同批鲜叶的物理性状的一致程度。凡品种混杂、老嫩大小不一、雨露水叶与无表面水叶混杂的均影响制茶品质，评定时应根据鲜叶的均匀程度适当考虑升降等级。

净度是指鲜叶中夹杂物含量的多少。凡鲜叶中混杂有茶花、茶果、老叶、老梗、鳞片、鱼叶以及非茶类的虫体、虫卵、杂草、沙石、竹片等物的，均属不净，轻者应适当降级，重者应予剔除后才予以验收，以免影响品质。

鲜度是指鲜叶的光润程度。叶色光润是新鲜的象征，凡鲜叶发热发红，有异味，不卫生以及有其他劣变的应拒收，或视情况降级评收。

同时，在鲜叶验收中还应做到不同品种鲜叶分开，晴天叶与雨水叶分开，隔天叶与当天叶分开，上午叶与下午叶分开，正常叶与劣变叶分开。并按级归堆，以利初制加工，提高茶叶品质。

我国茶类繁多，鲜叶分级没有完全统一的标准，分级标准各异。现列龙井茶鲜叶分级标准（表 7-1）、乌龙茶鲜叶评级标准（表 7-2），以供参考。

表 7-1　龙井茶鲜叶分级标准

等　级	要　求
特级	一芽一叶初展，芽叶夹角度小，芽长于叶，芽叶匀齐肥壮，芽叶长度不超过 2. 5cm
一级	一芽一叶至一芽二叶初展，以一芽一叶为主，一芽二叶初展在 10%以下，芽长于叶，芽叶完整、匀净，芽叶长度不超过 3cm
二级	一芽一叶至一芽二叶，一芽二叶在 30%以下，芽与叶长度基本相等，芽叶完整，芽叶长度不超过 3. 5cm
三级	一芽二叶至一芽三叶初展，一芽二叶为主，一芽三叶不超过 30%，叶长于芽，芽叶完整，芽叶长度不超过 4cm
四级	一芽二叶至一芽三叶，一芽三叶不超过 50%，叶长于芽，有部分嫩的对夹叶，长度不超过 4. 5cm

表 7-2　乌龙茶鲜叶评级标准

级　别	1 级	2 级	3 级
合格的小开面至中开面鲜叶比重	80%以上	60%～79%	59%以下

第四节　茶叶的包装

茶叶包装，即选用适当的、经过技术处理的容器或材料，将茶叶和外界隔离的一种装置。茶叶包装对茶叶品质的保护、品牌信誉的提升以及产品综合竞争力的提高有着重要的意义。

在茶叶产品流通过程中，包装可以确保贮藏、运输、销售、使用各个环节的安全，对保护品质，美化外观、宣传营销、市场推广以及提高经济效益和社会效益都有着巨大的作用，是实现产品商业价值的重要手段。

一、包装的基本要求

茶叶贮运流通过程中的静态保护（如防透气、防潮、防霉、防异味、防光照等）和动态保护（如防碰、防挤压、防跌落、防过度堆码等）都与茶叶商品包装有关。好的包装不仅可以减少损耗，降低流通费用，而且可以加速茶叶商品流通，促进茶叶商品销售，便于市场营销。同时，多样化的包装规格和美丽的外观装潢，可以满足不同层次消费者的需求，显著提升茶叶产品的市场价值。

作为一种饮用商品，茶叶包装除外表美观大方之外，选用材料必须质量可靠，合乎卫生标准。

茶叶包装的基本要求：牢固、整洁、美观、密封、无毒、无味。

包装上应标明茶叶类别、等级、批号、毛重、净重、国名、厂名等。

茶叶小包装应符合食品标签通用标准的规定，标明茶叶品名、等级、净重、批号、生产日期、保存期限、贮藏指南、品饮方法、产品标准代号、商标、代码、厂名、厂址及联系电话等。

二、包装的种类

根据商品包装的分类原理和茶叶商品封闭包装的实际情况，茶叶包装可分为软包装和硬包装两大类，软包装有纸包装、纸箱包装、布袋包装、麻袋包装、塑料薄膜包装、铝箔包装、编织袋及复合材料包装等；硬包装有木箱包装、竹器包装、玻璃包装、金属包装、陶瓷包装、胶合板及硬质塑料包装等。

如果仔细划分，茶叶包装可分为以下十类。

（1）按是否直接与消费者见面划分。销售包装和运输包装。

（2）按包装所用材料划分。纸包装、布袋包装、麻袋包装、纸板包装、木箱包装、胶合板包装、金属包装、陶瓷包装、玻璃瓶包装、塑料材料包装、竹篾包装和复合材料包装等。

（3）按用户分类划分。出口包装和内销包装。

（4）按贮运方式划分。集合化包装和托盘包装。

（5）按包装层次划分。内包装和外包装。内包装指茶叶的内层包装，主要是容纳茶叶，防止茶叶与外界接触，防潮、防水、防异味，保持茶叶的品质；外包装目的是方便运输和贮藏，同时用装潢设计提高包装的整体美感。

（6）按包装体大小划分。大包装、中包装和小包装。运输包装多为大包装和中包装，销售包装多为小包装。

（7）按品质方法和包装技术划分。一般包装、真空包装、无菌包装、充氮包装和除氧包装等。

（8）按包装使用次数划分。一次性包装、耐用性包装。一次性包装也称不可回收包装，而耐用性包装（如木箱、铁桶等）则可多次使用。

（9）按包装装潢及包装繁简程序划分。精包装和简易包装。精包装有多层复杂包装，外层包装讲究美观效果，注意文字及

图案色彩；而简易包装一般只是一层的普通包装。

(10) 按包装方式及形式划分。袋包装、盒包装、瓶包装、罐包装、桶包装、箱包装等。

第五节　茶叶贮藏与保鲜

茶叶以新为贵，保持色香味为佳，故茶叶的贮藏保鲜极为重要，现介绍几种茶叶贮藏保鲜的方法，以供参考。

一、干燥贮藏保鲜

茶叶吸湿性强，含水量高时容易氧化变质，也会生霉变质。因此，茶叶必须干燥（含水量6%以下）后贮存，贮存容器内必须放入适量的块石灰或干木炭等吸湿剂，以防返潮。石灰与茶叶的容积比为1：3。

二、低温贮藏保鲜

茶叶在低温时质变缓慢，高温时则容易变质。因此，茶叶必须在低温通风处贮存，有条件的可把装茶叶的容器密封后放入冰箱或冷库中贮存。

三、防潮贮藏保鲜

防潮包装是选用防潮性能优良的包装材料和加入干燥剂而防止茶叶吸水的包装方法。常用的防潮包装材料有聚酯/聚乙烯、玻璃纸/聚乙烯、尼龙/聚乙烯、聚酯/铝箔/聚乙烯及铁罐/陶瓷罐等多种。干燥剂通常采用硅胶或特制的纯度较高的石灰，茶叶与硅胶的比例约为10：1，茶叶与石灰为3：1。

四、避光贮藏保鲜

光线中的红外线会使茶叶升温，紫外线会引起光化作用，从而加速茶叶质变。因此，必须避免在强光下贮存茶叶，也要避免用透光材料包装茶叶；如用玻璃瓶或透光食品袋袋贮茶叶，应选茶色者为好。

五、密封贮藏保鲜

氧化反应是茶叶质变的必须过程，如果断绝供氧则可制止氧化抑制质变。因此，必须隔氧密封贮藏茶叶。可用铁罐、陶瓷缸、食品袋、热水瓶等可密封的容器装贮茶叶，容器内应衬好食品膜袋，尽量少开容器口，封口时要挤出衬袋内的空气，以减少茶叶的氧化变质。有条件的可用抽氧充氮袋袋贮茶叶。

六、真空贮藏保鲜

真空包装贮藏是采用真空包装机，将茶叶袋内空气抽后立即封口，使包装袋内形成真空装态，从而阻滞茶叶氧化变质，达到保鲜的目的。真空包装时，选用的包装袋容器必须是阻气（阻氧）性能好的铝箔或其他二层以上的复合膜材料，或铁质、铝质量拉罐等。

七、单独贮藏保鲜

茶叶具有极强的吸附性能，如与樟脑、汽油放在一起，马上可吸附其气体。因此，茶叶应单独贮藏，即装贮茶叶的容器不得混装其他物品。贮藏茶叶的库房不宜混贮其他物质。另外，不得用有气味挥发的容器或吸附有异味的容器装贮茶叶。

八、充氮贮藏保鲜

即用惰性气体二氧化碳或氮气来转换茶叶包装袋内的活性很强的氧气等空气，阻滞茶叶化学成分与氧的反应，达到防止

茶叶陈化和劣变的目的。另外，惰性气体本身也具有抑制微生物生长繁殖的作用。将袋内空气抽掉，形成真空装态，再充入氮气或二氧化碳等惰性气体，最后严密封口。上述方法如果综合运用，定能取得良好的效果。

第八章 茶叶加工新技术

第一节 手工炒茶技术

炒茶分生锅、二青锅、熟锅，三锅相连，序贯操作。炒茶锅用普通板锅，砌成三锅相连的炒茶灶，锅呈25°~30°倾斜。炒茶扫把用毛竹扎成，长1m左右，竹枝一端直径约10cm。

炒青是一个术语，是指在制作茶叶的过程中利用微火在锅中使茶叶萎凋的手法，通过人工的揉捻令茶叶水分快速蒸发，阻断了茶叶发酵的过程，并使茶汁的精华完全保留的工序。是制茶史上一个大的飞跃。

一、手工与机器炒茶的差别

手工炒制的茶叶一般都较完整、鲜亮，口感比较清纯，机器炒制茶型不是很好，并且因为不能控制轻重度会产生断裂或过火。

二、手工炒茶步骤

(一) 清除茶叶杂质

先要将刚采摘的茶叶进行清理，去掉小虫子、碎屑等杂物，清洗干净，晾干水分，注意采摘茶叶时最好选择这种“一芽一叶”的茶，品质要更好些。

(二) 炒茶

洗干净锅，将沥干水分的茶叶倒进锅中，最好用大锅炒茶，

受热面积大，茶叶受热更为均衡，火候要控制好，炒茶时要不停的用手翻炒，手要干净，动作要快，用小火炒，不然茶叶会烧焦。注意不可以戴一次性的手套，以免影响茶质。

（三）揉搓茶叶

在炒茶的过程中要边炒，边进行揉搓，让叶子能更好地卷缩。炒茶的时间很长，一般要1～2h，要将茶叶炒成深褐色就可以了，这过程中要不停地揉搓，快速地翻炒。

（四）晾凉茶叶

将炒好的茶叶用报纸垫着盛在容器里，将它晾凉，第二天就可以冲茶喝了。

第二节 绿茶加工技术

绿茶是我国生产的主要茶类之一，历史悠久、产区广、产量多、品质好、销量稳，这是中国绿茶生产的基本特点。目前，中国已成为全球最大的绿茶生产、加工和出口国。早在1 000多年前的唐代，我国就已采用蒸青方法加工绿茶。近50年来，我国绿茶加工在传承了传统炒制技术基础上，由手工方式逐渐转变成机械化、连续化和清洁化加工。

绿茶一直是中国茶叶产业的重要支柱，特别是近一段时期以来，由于受国内外绿茶需求增长和良好经济效益的推动，中国绿茶生产规模不断扩大，产量日益增加。中国绿茶产量在1990年仅为36万t，2011年增加到140万t，增长了300%。从绿茶产量在中国茶叶总产量中所占比重来看，在经历一段时期的快速增长后，近10年来，产量一直相对稳定，保持在茶叶总产量的75%左右。2011年我国绿茶出口大幅增加，达到了25.74万t，金额为7.06亿美元，比上一年分别上升9.93%和24.62%，实现连续10年量价齐增，有力保证了我国茶叶出口持续增长。在国际市场，我国绿茶长期保持绝对优势，产量占全

球绿茶总产量的 81.46%，出口量占全球绿茶总贸易量的 79.12%。

中国不仅是绿茶的生产和出口主要国家，也是绿茶消费大国，绿茶消费量占茶叶总消费量的 70%以上。内销绿茶的主流是名优绿茶，市场遍及全国各大、中城市和乡村，主要分布在上海、浙江、安徽、北京、江苏、山东等地。近年来，国内绿茶消费增长十分强劲，特别是华北和东北市场，绿茶消费增幅较大。

中国的外销绿茶以眉茶、珠茶和蒸青茶为主，年出口量约占全国茶叶出口总量的 75%。目前，中国绿茶已出口至世界六大洲的 120 个国家和地区，但市场较为集中，主要在非洲、亚洲与欧洲，其中亚洲和非洲地区占 80%。摩洛哥为我国茶叶出口第一大市场，其次是美国、乌兹别克斯坦、日本、俄罗斯、阿尔及利亚、毛里塔尼亚、伊朗和多哥及中国香港等国家和地区，上述 10 个国家和地区占我国茶叶出口总量的 62.85%。

一、绿茶的品质特点

绿茶是不发酵茶，其初制是先用高温杀青，破坏鲜叶中酶的活性，再经揉捻和干燥而成。绿茶加工在技术上尽量避免多酚类物质的酶促和非酶促氧化，因而绿茶具有“清汤绿叶”的品质特征。

绿茶根据干燥和杀青方式的不同，可分为炒青绿茶、烘青绿茶、晒青绿茶和蒸青绿茶 4 类。用滚筒或锅炒干的绿茶称为炒青绿茶，用烘焙方式进行干燥的绿茶称为烘青绿茶，利用日光晒干的绿茶称为晒青绿茶，鲜叶经过蒸汽杀青加工而成的绿茶称为蒸青绿茶。除此之外，还有半烘炒绿茶和半蒸炒绿茶等。

绿茶的种类虽然很多，品质优良的绿茶其品质特点是干茶色泽翠绿，冲泡后清汤绿叶，具有清香或熟栗香、花香等，滋味鲜醇爽口，浓而不涩。但不同种类的绿茶都有各自的品质

特点。

（1）炒青眉茶。毛茶条索紧结，略弯曲，色绿。高级炒青具有明显的熟栗香，汤色黄绿，滋味鲜浓爽口。精制后的珍眉，条索细紧挺直，色泽润绿有霜。安徽的“屯绿”和江西的“婺绿”，条索紧结粗壮，滋味浓厚；浙江杭州的“杭绿”和温州的“温绿”，条索细紧，滋味鲜醇爽口。

（2）龙井。外形扁平挺直、嫩绿光滑，茶汤清香明显，汤色黄绿明亮，滋味鲜甜醇厚，有鲜橄榄的回味。

（3）旗枪。外形与龙井相似，但扁平、光滑的程度不及龙井。特级旗枪冲泡后一叶一芽，形似一旗一枪而得名，香味也类似龙井。

（4）大方。形状扁平多棱角，叶色黄绿微褐，冲泡后具有熟栗香，汤色黄绿。

（5）珠茶。圆形颗粒状，很重实，有“绿色珍珠”之称，色泽乌绿油润，冲泡后汤色、叶色均黄绿明亮，滋味浓厚，耐冲泡。

（6）碧螺春。干茶条索纤细匀整，呈螺形卷曲，白毫显露，色绿，汤色碧绿清澈，清香、味鲜甜。

（7）高桥银峰。干茶条索呈波形卷曲，峰苗明显、银毫显露，色泽翠绿、清香味醇。

（8）雨花茶。条索圆紧挺直如松针，叶色翠绿有茸毛。汤色清澈明亮，味鲜爽。

（9）六安瓜片。叶成单片，形似瓜子，叶色翠绿起霜，滋味鲜甜。

（10）安化松针。外形细紧挺直似松针，披白毫，叶色翠绿，味酸甜。

（11）信阳毛尖。条索细紧，翠绿色，白毫显露，有熟板栗香，滋味鲜醇。

（12）庐山云雾。外形条索细紧，青翠多毫，香气鲜爽，滋味醇厚。

(13) 黄山毛峰。特级茶外形芽肥壮，形似“雀舌”，带有金黄片，叶色嫩绿，金黄油润，密披白毫，滋味鲜浓。冲泡后芽叶成朵。

(14) 太平猴魁。形如含苞待放的白兰花，肥壮重实，色苍绿，叶脉微泛红，冲泡后略带花香，滋味鲜醇。

(15) 恩施玉露。干茶形似松针，匀齐挺直，鲜绿豆色，香高味醇。

二、绿茶加工技术

绿茶的加工，简单分为杀青、揉捻（做形）和干燥 3 个步骤，其中关键在于初制的第一道工序，即杀青。鲜叶通过杀青，酶的活性钝化，内含的各种化学成分基本上是在没有酶影响的条件下，由热的作用进行物理化学变化，从而形成了绿茶的品质特征。

（一）杀青

杀青对绿茶品质起着决定性作用。杀青的主要目的：一是彻底破坏鲜叶中酶的活性，制止多酸类化合物的酶促氧化，以便获得绿茶应有的色、香、味；二是散发青气、发展茶香；三是改变叶子内含成分的部分性质，促进绿茶品质的形成；四是蒸发一部分水分，使叶质变为柔软，增加韧性，便于揉捻成条。

除特种茶外，该过程均在杀青机中进行。影响杀青质量的因素有杀青温度、投叶量、杀青机种类、时间、杀青方式等。它们是一个整体，互相牵连制约。

1. 杀青技术因素

杀青技术因素主要是：一是杀青温度；二是杀青时间；三是投叶量以及鲜叶质量的相互关系。在相同的技术因素条件下，技术措施改变，杀青实际效果将有很大差异，二者关系十分密切。

2. 杀青技术措施

杀青技术措施，主要有以下三点。

（1）高温杀青，先高后低。杀青的主要目的如上所述，要达到这些要求，都需要高温。鲜叶中所存在的多酚氧化酶和过氧化物酶等，对鲜叶中内含物质的变化，有着直接或间接的促进作用。纯的多酚类化合物为白色粉末状，一经氧化便会变成黄色，进而变红色，甚至褐色。这种红色的本质主要是酶催化多酚类化合物氧化反应的产物。如果用高温破坏酶的活性，多酚类化合物就失去了催化氧化反应的条件，就不会迅速变红。杀青的根本目的就是利用高温破坏酶的催化活性。

（2）抛闷结合，多抛少闷。在具体炒法上，要透闷结合，也称抛闷结合。在高温杀青条件下，叶子接触锅底的时间不能过长，必须用透炒来使叶子蒸发出来的蒸汽和青气速度散发，无论是锅式杀青还是滚筒杀青都应如此。

（3）嫩叶老杀，老叶嫩杀。所谓老杀，主要标志是叶子失水多些；所谓嫩杀，就是叶子失水适当少些。因为嫩叶中酶活性较强，含水率较高，所以要老杀。如果嫩杀，则酶活性未彻底破坏，易产生红梗红叶。同时，杀青叶含水率过高，在揉捻时液汁易流失，加压时易成糊状，芽叶易断碎。

3. 杀青的方式

绿茶的杀青方式有锅式杀青、滚筒杀青、蒸汽杀青、热风杀青以及微波杀青等。

（二）揉捻（做形）

揉捻是绿茶塑造外形的一道工序。通过利用外力作用，使叶片细胞破碎，卷转成条，体积缩小，且便于冲泡。同时部分茶汁挤出附着在叶表面，对提高茶滋味和浓度也有重要作用。

制绿茶的揉抢工序有冷揉与热揉之分。所谓冷揉，即杀青叶经过摊凉后揉捻；热揉则是杀青叶不经摊凉而趁热进行的揉捻。嫩叶宜冷揉以保持黄绿明亮的汤色与嫩绿的叶底，老叶宜热揉以利于条索紧结，减少碎末。

名优茶则是做形，做形的方法很多，每一种名优茶都有各自独特的做形方法，进而形成独特的外形。如龙井、碧螺春等。

（三）干燥

干燥的目的为蒸发水分，整理并固定外形，充分发挥茶香。

干燥方法有烘干、炒干和晒干3种形式。烘干是指将揉捻后的茶叶直接用烘笼或烘干机烘干；炒干是利用滚筒炒干机将茶叶炒至一定的含水率；晒干是利用太阳的热量将茶叶晒干至一定的含水率。

第三节　红茶加工技术

我国红茶包括工夫红茶、小种红茶和红碎茶，其制法大同小异，都有萎凋、揉捻、发酵、干燥4个工序。各种红茶的品质特点都是红汤红叶，色香味的形成都有类似的化学变化过程，只是变化的条件、程度上存在差异而已。

一、萎凋

萎凋是指鲜叶在一定温度和湿度下失水，使硬脆的梗叶成萎蔫凋谢状态的过程，是红茶初制的第一道工序。经过萎凋，可适当蒸发水分，叶片柔软，韧性增强，便于造形。此外，这一过程可使青草味消失，茶叶清香欲现，是形成红茶香气的重要加工阶段。萎凋方法有自然萎凋和萎凋槽萎凋两种。自然萎凋即将茶叶薄摊在室内或室外阳光不太强处，搁放一定的时间。萎凋槽萎凋是将鲜叶置于通气槽体中，通以热空气，以加速萎凋过程，这是目前普遍使用的萎凋方法。

二、揉捻

红茶揉捻的目的，与绿茶相同，茶叶在揉捻过程中成形并增进色香味浓度，同时，由于叶细胞被破坏，便于在酶的作用下进行必要的氧化，利于发酵的顺利进行。

三、发酵

发酵是红茶制作的独特阶段，经过发酵，叶色由绿变红，形成红茶红叶红汤的品质特点。其机理是叶子在揉捻作用下，组织细胞结构受到破坏，透性增大，使多酚类物质与氧化酶充分接触，在酶促作用下产生氧化聚合作用，其他化学成分亦相应发生深刻变化，使绿色的茶叶产生红变，形成红茶的色香味品质。目前普遍使用发酵机控制温度和时间进行发酵。发酵适度时，嫩叶色泽红匀，老叶红里泛青，青草气消失，具有熟果香。

四、干燥

干燥是将发酵好的茶坯，采用高温烘焙，迅速蒸发水分，达到保持干度的过程。其目的有：利用高温迅速钝化酶的活性，停止发酵；蒸发水分，缩小体积，固定外形，保持干度以防霉变；散发大部分低沸点青草气味，激化并保留高沸点芳香物质，获得红茶特有的甜香。

第四节　青茶（乌龙茶）加工技术

乌龙茶是介于绿茶（不发酵茶）和红茶（全发酵茶）之间的一类半发酵茶。乌龙茶有条形茶与半球形茶两类，半球形茶需经包揉。主产于福建、广东和我国台湾等地，安徽、湖北、浙江、贵州等地现在也有生产。主要有福建的武夷岩茶、铁观

音；广东的凤凰单枞和水仙以及我国台湾的文山包种茶。其工序概括起来可分为：萎凋、做青、炒青、揉捻（包揉）、干燥，其中做青是形成乌龙茶特有品质特征的关键工序，是奠定乌龙茶香气和滋味的基础。

一、萎凋

萎凋即是乌龙茶所指的晒青、晾青。通过萎凋散发部分水分，提高叶子韧性，便于后续工序进行；同时伴随着失水过程，酶的活性增强，散发部分青草气，利于香气透露。

乌龙茶萎凋的特殊性，区别于红茶制造的萎凋。红茶萎凋不仅失水程度大，而且萎凋、揉捻、发酵工序分开进行，而乌龙茶的萎凋和发酵工序不分开，两者相互配合进行。通过萎凋，以水分的变化，控制叶片内物质适度转化，达到适宜的发酵程度。萎凋方法有晒青和加温萎凋两种。

1. 萎凋（晒青）目的

一是蒸发水分，扩大叶片与梗之间含水率差距，为“走水”准备；二是加速化学变化，为提高香气，除去苦涩味作准备。

2. 萎凋（晒青）技术要点

（1）晒青在早晚进行。温度达到34℃，则要停止晒青，防止红变。

（2）晒青时间依据气温高低而定，日光强，空气干燥，则时间短，反之则长，一般为10~60min。

（3）晒青技术掌握依据鲜叶状况而定，晒青不足，成茶香气不足，苦涩味重；晒青过度，产生“死青”，无法实现“走水还阳”。

（4）晒青适度标准，第一叶或第二叶下垂，青气减退，花香显露，减重率10%~15%，含水率为65%~68%。

（5）叶子薄摊，受热均匀。晒青之后，做青之前需要晾青，散发热量，避免红变死青。将晒青叶两筛并一筛，每筛摊叶量

约0.5kg，轻轻抖动，移至室内晾青架上，边散热，边萎凋。

二、做青

做青是乌龙茶制作的重要工序，特殊的香气和绿叶红镶边就是在做青中形成的。

1. 做青目的和作用

（1）实现走水（还阳和退青），通过振动，实现茎梗中水分和可溶物向叶片输送；增加叶片有效成分含量，为耐泡提供物质基础，有利于香气、滋味的发展。

（2）茶叶在跳动过程中，叶片互相碰撞，擦伤叶缘细胞，从而促进酶促氧化作用。叶缘细胞的破坏，发生轻度氧化，叶片边缘呈现红色。叶片中央部分，叶色由暗绿转变为黄绿，即所谓的“绿叶红镶边”。

（3）做青叶有规律的跳动与静止，叶片水分缓慢蒸发，茶叶发生了一系列生物化学变化。做青间温度和湿度要相对稳定，温度22~25℃，湿度要求为80%~85%。做青前段时间要轻摇（少摇）、勤摇（静置时间短），以促进“走水”为主，“走水”顺利后采取重摇。

2. 做青方法

（1）手工做青，第二次摇青后要辅加“做手”（双手收拢叶子，轻轻拍打），先轻后重。

（2）机械做青有两种，一是摇青机，二是综合做青机。

3. 做青程度掌握

（1）叶脉透明，走水完成。叶脉内含成分输送到叶片，叶绿素破坏较多。

（2）叶面黄绿色，叶缘朱砂红，叶缘变色部分约占30%。

（3）青气消失，散发花香。

（4）叶缘收缩，叶形呈汤匙状，翻动时有沙沙声响。

(5) 减重率为25%~28%，含水率约65%。

手工做青结束后，将叶子倒入大青箩中，不断翻动，俗称“抖青”，弥补做青中理化变化不足。

三、炒青

乌龙茶的内质已在做青阶段基本形成，炒青是承上启下的转折工序，与绿茶的杀青一样，主要是抑制鲜叶中的酶活性，控制氧化进程，防止叶子继续红变，固定做青形成的品质。其次，使低沸点青草气挥发和转化，形成馥郁的茶香。同时通过湿热作用破坏部分叶绿素，使叶片黄绿而亮。此外，还可挥发一部分水分，使叶子柔软，便于揉捻。

四、揉捻其作用同绿茶

五、干燥

干燥可抑制酶促氧化，蒸发水分和软化叶子，并起热化学作用，消除苦涩味，使其滋味醇厚。

第五节　黑茶加工技术

黑茶是中国特有的茶类之一，主要有湖南的天尖、贡尖、生尖、黑砖、花砖、茯砖和花卷茶，湖北老青砖，四川的南路边茶和西路边茶，云南的普洱茶，广西的六堡茶和安徽的安茶。黑茶以边销为主，部分内销，少量侨销。

一、黑茶共同特点

黑茶炒制技术和压制成型的方法不尽相同，形状多样，品质不一，但都具有共同特点：一是原料粗老，一般新梢形成驻芽时才进行采割，叶老梗长；二是渥堆变色；三是高温汽蒸，

目的是使茶坯变软，便于压制成形；四是压制成形。

二、黑茶加工技术

现以安徽的安茶为例。安茶为历史名茶，属黑茶类。创制于明末清初，产于祁门县西南芦溪、溶口一带；抗日战争期间停产，20世纪80年代恢复生产。成品色泽乌黑，汤浓微红，滋味浓醇干爽，槟榔香，风味独特。内销广东、广西及我国香港，外销东南亚诸国，被誉为“圣茶”。现主要有“孙义顺”等几家在经营。安茶选用谷雨前后鲜叶，按传统的精制工艺加工而成。现将该茶加工工艺技术要点介绍如下。

（一）鲜叶采摘

祁门安茶以祁门槠叶群体种为主要原料，采摘标准一般以一芽二叶和一芽三叶初展为主，于谷雨前后10天采摘，5—7月采夏茶。不采鱼叶、茶果、茶梗等杂质，使鲜叶保持匀净。采回的鲜叶要先薄摊于通风处1~2h，以散发露水叶表面水分，雨水较重的鲜叶要用鲜叶表面脱水机脱水后再加工。

（二）加工工艺

安茶加工工艺：晒青→杀青→揉捻→烘干→毛茶→陈化→复软→复火→汽蒸→装篓→烘干。

晒青：晴日在竹席上将鲜叶摊开，厚度3~5cm，每隔30min翻动一次，晒至叶色乌绿，叶质柔软，一般夏秋季晒1h左右，春末晒2h左右。

杀青：滚筒温度300℃左右，时间为1.5~2min，出锅稍凉，趁热揉捻。

揉捻搓条：用中小型揉捻机，加叶量偏大，揉捻时间约40min，成条率80%以上，解块后复揉20min。

机械干燥：用小型滚筒式炒干机炒干，每桶投叶20kg，温度先高后低。

陈化：一般新炒制的茶叶并不直接饮用，而是贮存数月，春茶贮存至秋末，夏茶贮存至冬季，秋茶贮存至次年春末。

复软：经陈化的安茶，一般在露水下回潮，至茶叶手感明显发软为度，再复火。

成型：经汽蒸后茶叶，压紧装在小竹篓内（每小篓装茶1.5kg、每大篓装20小篓），再放入烘橱内烘干，使凝结成椭圆形块状，即依竹篓容量成型。

第六节　黄茶加工技术

目前，黄茶的产区有四川、湖南、湖北、广东、浙江等地，但生产数量不多，黄茶主要内销，少量外销。

一、黄茶分类

黄茶的品质特点是黄汤黄叶、香气高锐、滋味醇爽。按照鲜叶的老嫩，黄茶可分为黄大茶、黄小茶和黄芽茶三类，制法各有特点，对鲜叶的要求也不同。高级黄茶的闷黄作业不是简单的一次完成，而是颜色分多次逐步变黄，以防变化过度和不足，造型分次逐步地塑造，达到外形整齐美观。

（1）黄大茶主要包括产于安徽霍山的“霍山黄大茶”和广东韶关、肇庆、湛江的“广东大叶青”。

（2）黄小茶主要有湖南岳阳的“北港毛尖”，湖南宁乡的“沩山毛尖”，湖北远安的“远安鹿苑”，浙江温州、平阳一带的“平阳黄汤”。

（3）黄芽茶原料细嫩，采摘单芽或一芽一叶加工而成。主要有湖南岳阳的“君山银针”，四川雅安、名山县的“蒙顶黄芽”，安徽霍山的“霍山黄芽”。

二、黄茶加工技术

黄茶的加工工艺与绿茶相似，主要工序：鲜叶→杀青→揉

捻→闷黄→干燥。

（一）鲜叶采摘要求

黄大茶一般可采一芽三四叶新梢，黄小茶则要求芽叶细嫩、新鲜、匀齐、纯净。如君山银针为纯芽头制成，且在清明节前1周采，过了这个时间采的芽叶就只能作为制毛尖茶的原料；而广东大叶青是选用云南大叶种带毫的芽叶制成，要求一芽二三叶初展。

（二）杀青

黄茶杀青的目的和原理与绿茶基本相同，但在锅温、投叶量、杀青时间、操作技术的掌握方面有所差异。

1. 锅温与投叶量

和绿茶相比，黄茶杀青锅温相对较低，投叶量也较少。黄小茶杀青锅温一般在120~150℃，黄大茶一般在160~180℃。由于锅温较低，因而投叶量较少，如君山银针200~600g、蒙顶黄芽150g。广东大叶青的原料为云大种，其杀青锅温和投叶量与绿茶相似。

2. 杀青时间

和绿茶相比，杀青时间相对较短，一般3~5min即可完成杀青。如君山银针杀青时间为3~4min，蒙顶黄芽为4~5min，广东大叶青时间稍长需6~8min。

3. 操作技术

绿茶杀青是多抛少闷，而黄茶杀青是多闷少抛。因为黄茶的品质要求是黄汤黄叶，利用多闷方法，产生强烈的水蒸气，在湿热作用下破坏叶绿素，破坏酶的活性，使叶色转黄。

4. 杀青程度

叶子卷缩，叶色变暗绿，嫩梗柔软，折而不断，手摸有黏性，臭气消失，略有清香。

（三）揉捻

1. 手工揉捻（黄小茶）

黄小茶嫩度高，且含毫，因而一般都是利用手工揉捻，不采用机械揉捻。杀青后，经摊晾，使水分重新分布均匀，然后在锅内较低温的情况下进行揉捻。如北港毛尖在锅温较低的情况下进行揉捻，一般揉捻程度较轻，掌握用力由小到大，速度由慢到快。

2. 机械揉捻

对于那些生产量大、原料较老的叶子，一般是黄大茶则采用机械揉捻方式进行揉捻。机械一般选用中小型揉捻机，加压方式由轻到中再到轻，注意保毫保尖。如广东大叶青的揉捻是利用机械揉捻，中型揉捻机有265型、255型等。揉捻加压采用轻→中→轻的方式，不加重压，并多次松压。揉捻时间为1、2级原料40~45min，3级以下原料50min。黄大茶的揉捻程度一般掌握叶细胞破损率在60%左右，条索紧结圆浑且芽叶完整。

（四）闷黄

闷黄是决定黄茶品质的关键性工序。

1. 闷黄的方式

根据茶坯的干湿不同，黄茶闷黄的方式可分为湿坯闷黄和干坯闷黄两种。

（1）湿坯闷黄又分揉捻前闷黄和揉捻后闷黄两种，揉捻前闷黄的如沩山毛尖（杀青→闷黄→轻揉→烘焙→拣剔→熏烟）。揉捻后闷黄的如广东大青叶（杀青→揉捻→闷黄→干燥）。

（2）干坯闷黄又分毛火后堆积闷黄和足火纸包闷黄，毛火后堆积闷黄的如霍山黄大茶（杀青→揉捻→初烘→堆积→烘焙）。足火纸包闷黄的如君山银针（杀青→摊放→初烘→摊放→初包→复烘→摊放复包→干燥）。

黄茶闷黄不论采用哪一种方式，都是利用湿热作用，使叶

子内含物发生一系列的化学变化，从而达到黄茶的品质要求。

2. 闷黄时间

由于闷黄的方式、温度、茶坯含水量等不同，因此闷黄时间也不同。一般湿坯闷黄时间较短，如广东大叶青在室温 20~25℃时，闷黄时间 4~5h，室温 28℃以上时，闷黄的时间 2.5~3.5h 即可。干坯闷黄的时间较长，如君山银针初包时间 40~48h，复包时间也有 24h。

3. 闷黄程度

闷黄一般以芽叶变黄为适度（芽茶变金黄为适度）。

如广东大叶青闷黄适度的特征为：叶子发出浓郁的香气，青草气消失，茶香显露，叶色变为黄绿色而有光泽。

(五) 干燥

黄茶干燥分毛火和足火。一般毛火采用低温烘焙，足火采用高温烘焙。干燥温度先低后高，是形成黄茶香味的重要因素。

毛火采用较低的温度烘焙，干燥速度慢，有利于内含物的变化，多酚类进行缓慢的非酶性自动氧化，促使叶子进一步变黄。

足火温度略高，是为了增进茶香，并固定已形成的品质。

如霍山黄大茶初烘温度为 120℃，而足火复烘温度为 130~150℃。再如君山银针复烘时温度 45℃左右，而足烘时达 50℃。还有霍山黄芽足火烘温也达到 100~120℃。

黄茶毛茶足干含水量掌握在 5%以下，手捏叶成粉末。

第七节　白茶加工技术

一、白茶分类

白茶依茶树品种不同分为大白、水仙白、小白。以大白茶品种制成的称“大白”，以水仙茶品种制成的称“水仙白”，以茶群体品种制成的，称“小白”。

依鲜叶嫩度不同制成的成茶花色有白毫银针、白牡丹、贡眉和寿眉。纯用大白茶或水仙品种的肥芽制成的，称“银针”。以大白茶品种的一芽二叶初展嫩梢制成的，称“白牡丹”。以茶嫩梢一芽二三叶制成的称“贡眉”，制银针“抽针”时剥下的单片叶制成的称“寿眉”。

二、品质特点

白毫银针芽头肥壮，被白色茸毛，具银色光泽，内质香气毫香高显，滋味甘爽，毫味浓，叶底嫩匀，汤色浅杏黄色。

白牡丹芽叶连枝，叶色黑绿或翠绿，叶背银白（故有青天白地之说)，叶缘垂卷，香气鲜纯，有毫香，滋味醇爽有毫味。

三、白茶的加工技术

（一）白毫银针的加工

因产地不同，白毫银针制法略有区别，一般分福鼎制法和政和制法。

1. 福鼎制法

（1）采摘一般是在清朝前后，当大白茶茶树新芽抽出时，采用肥壮单芽。选择清明前凉爽晴天采下的单芽制成的白毫银针为上品，清明后再采，制成的白毫银针只能为次品。

（2）萎凋是白毫银针加工的关键工序，将茶芽薄摊于水筛或萎凋帘上，注意摊匀不能重叠，然后放于阳光下暴晒，待含水量为10%~12%即八九成干时，改用文火焙干。如遇其他原因，不能晒达八九成干，或采后遇阴雨天气，要用低温（比文火略低）慢慢烘干。

（3）烘焙时，在焙芯盘内用薄纸垫上，以防芽毫灼伤变黄，萎凋达八九成干的茶芽摊在焙芯内，用文火（40~50℃）烘至足干，每笼约 0. 5kg，约烘 30min。

2. 政和制法

（1）采摘。在大白茶抽出一芽一两叶时，嫩芽连叶同采下来，然后在室内摘取芽头，俗称“抽针”，抽针后，芽制银针，叶则制白牡丹。

（2）萎凋。先将叶子摊在水筛中，置于通风场所萎凋至七八成干，或在微弱的阳光下摊晒至七八成干，之后再移至烈日下晒干，一般要 2~3 天才能完成。

如果在晴天也可以采用先晒后风干的方法，一般是 9 时前，16 时后，阳光不太强烈，将茶芽置于阳光下晒 2~3h，移入室内进行自然萎凋至八九成干。

（3）干燥。政和银针经萎凋后，原先是放在强烈阳光下晒至足干，除非久雨不晴，萎凋困难就必须烘干。现在大多数是萎凋后，再用焙笼文火焙至足干。

（二）白牡丹的加工

1. 采摘

白牡丹一般在 4 月初采制，采摘标准为一芽二叶初展，鲜叶要求“三白”，即嫩芽、初展第一叶、第二叶均要求密披白色茸毛。

因鲜叶来自不同品种，成茶品质也有差异，采自大白茶品种，称“大白”；采自小叶种菜茶，称“小白”；采自水仙种，称“水仙白”。

2. 萎凋

根据气候情况，可采用室内自然萎凋、日光萎凋以及加温萎凋等。

（1）室内自然萎凋是鲜叶采回后，薄摊在水筛上，每筛 0. 3kg 左右，注意摊叶均匀，然后放在通风良好的萎凋室内的晾青架上，经 35~45h 萎凋，芽叶毫色发白，叶尖翘起，叶缘略显垂卷，此时间两筛并为一筛，继续萎凋至含水量为22%时，再两筛并为一筛，继续萎凋约10h，至含水量减至13%时，即为萎凋适度。

（2）加温萎凋是向萎凋室吹送热风（加温萎凋室），掌握萎凋室室温在22～27℃，相对湿度60%～75%。历时25～30h，萎凋叶含水量减至25%左右，叶尖翘起，叶缘垂卷。此时应及时下筛堆积3～4h，叶片主脉变红棕色，叶色转暗绿，青气消失，发出清爽的甜香，此时可进行烘干。

3. 干燥

（1）手工干燥。每笼摊叶0.75kg在70～80℃下，烘焙15～20min即可达到足干，操作手势要轻，防止芽叶断碎，影响外形完整。

（2）机械干燥。用机器干燥时，采用低温烘干，风温80℃，摊叶厚4cm，历时25min即可足干。

主要参考文献

陈立杰．2018．茶叶实用技术［M］．贵阳：贵州大学出版社．

熊昌云，崔文锐．2018．茶树栽培与茶叶加工［M］．昆明：云南大学出版社．